培养未来的孩子

CQ 创意

儿童潜能开发专家 彭爱华 著

天津科学技术出版社

图书在版编目(CIP)数据

培养未来的孩子. CQ创意 / 彭爱华著. —
天津:天津科学技术出版社, 2012.5
ISBN 978-7-5308-7010-5

Ⅰ. ①培⋯ Ⅱ. ①彭⋯ Ⅲ. ①少年儿童-创造性思维
-能力培养 Ⅳ. ①G61②B804.4

中国版本图书馆CIP数据核字(2012)第085154号

责任编辑:方　艳
责任印制:兰　毅

天津科学技术出版社出版
出版人:蔡　颢
天津市西康路35号　邮编 300051
电话(022)23332695(编辑室)　23332393(发行部)
网址:www.tjkjcbs.com.cn
新华书店经销
北京海德印务有限公司印刷

开本 690×960　1/16　印张 8.5　字数 100 000
2012年5月第1版第1次印刷
定价:25.00元

推荐序

开发潜能，提升CQ

家庭教育专家 陈大为

每个人都有与生俱来的潜能，这些潜能能不能被充分运用、充分发挥，要看是否能被完整地开发，而开发的关键则是从小开始。

本书包含了60个提升孩子CQ的小秘诀。从冲破传统思维的樊篱开始，一直到挣脱创新思维枷锁，共分为5个部分来做系统化训练，它们分别是"打破陈旧的思想"、"创新思维"、"打开思维的方式"、"创新思维的能力"、"不要被创新思维束缚"，每部分都提供了数个秘诀以及说明提升CQ的方法，并附上趣味游戏，小朋友可以按部就班、循序渐进地借着简单易懂的说明，以及生活化、趣味性的练习，自然而然地开发潜能，希望对小朋友们提升CQ有所启发。

珍惜自己与生俱来的天赋，将它做最妥善的发挥。不管是在学习上，还是在人生发展上，都将会有很大的帮助。希望每一位小朋友都能从本书中得到一些有益于自己的启发与帮助。

序

CQ尚未提升，小朋友们仍需努力

如果有人跟你说："你的CQ很高哦！"相信你一定会觉得很高兴。可你知道吗？如果你不努力开发自己的潜能，你就不能成为拥有CQ满分的小天才哦！所以你要好好开发你的潜能，就像体操选手越是练习，技术会越好一样，我们大脑也是越使用越聪明，CQ就越高哦！

一般而言，小朋友在9岁的时候，CQ大概发展到80%左右；到了12岁的时候，大概已经发展到了93%。因此，若不在小学毕业以前开发你的CQ，以后就后悔也来不及了！

本书提供的许多方法，可以让你在12岁之前成功地提高CQ，而且这些方法既简单又有趣，你还在等什么呢？这些小练习跟你以前看过的CQ测验可是完全不同的哦！因为根据本书，你不但能在日常生活中练习，而且还可以跟朋友们在游戏中练习呢！练习后所能获得的成果，保证让你大吃一惊！赶快行动吧！

编者

目 录 contents

第一章 打破陈旧的思想　　1

1	千万别迷信经验	2
2	摆脱失败的包围圈	4
3	不妨去除大脑束缚	6
4	大胆质疑权威	8
5	要清醒地去面对评价和称赞	10
6	自我评估	12
7	跳出以自我为中心的圈子	14
8	不要丧失了自己的想象力	16
9	我们从猴子身上学到了什么？	18
10	请保持自信的心态	20
11	学会打破思维定势	22
12	抛弃寻找标准答案的想法	24

第二章 创新思维　　　　　　　　26

1　学会激励自己的大脑　　　　　　27
2　自我暗示五原则　　　　　　　　29
3　享受视觉"头脑风暴"　　　　　31
4　刻苦学习，天天向上　　　　　　33
5　宽容别人，快乐自己　　　　　　35
6　不要熄灭了自己的好奇心　　　　37
7　改变做事时的心态　　　　　　　39
8　重视自己的第一印象　　　　　　41
8　学会摆脱忧愁与烦恼　　　　　　43
10　进行多样而丰富的游戏　　　　　45
11　学会准确地推测　　　　　　　　47
12　走出"自我"的狭窄天地　　　　49

第三章 打开思维的方式　　　　51

1　最愚蠢的老鼠和最聪明的猫　　　52
2　努力寻找任意两个事物之间的联系　54
3　永远不要只想出一种方法解决问题　56
4　"具体—抽象—创新"链条　　　58
5　调整自己看待问题的角度　　　　60
6　按照理想的榜样去做　　　　　　62

7	做自己情绪的主人	64
8	有计划地去创新实践	66
9	不要老拿是非作为判断问题的标准	68
10	列出事物的缺点和希望点	70
11	要抓住事物的特点	72
12	试着让自己扮演不同的角色	74

第四章 创新思维的能力　　76

1	激发思维灵感的一些好点子	77
2	独立解决问题	79
3	在兴趣消失前动手	81
4	从另一个角度观察事物	83
5	参加右脑体操锻炼	85
6	锻炼自己的质疑思维	87
7	横向思维好处多	89
8	锻炼自己的逆向思维能力	91
9	发掘直觉背后的东西	93
10	提高思维敏捷度	95
11	为标新立异鼓掌	97
12	插上想象和幻想的翅膀	99

第五章 不要被创新思维束缚　101

1. 不妨胡思乱想　102
2. 破除依循规则的惯性　104
3. 坚不可摧的自信　106
4. 摆脱习惯　108
5. 用整个身体表现情态　110
6. 怀疑是思考，思考便是进步　112
7. 良性暗示好处多　114
8. 学会创造幽默　116
9. 扔掉书本，大胆去思考　118
10. 顿悟梦境是激发思维潜能的方法　120
11. 以好奇心发掘问题　122
12. 跟着大家走，小心错　124

参考文献　126

第一章

打破陈旧的思想

千万别迷信经验

提到经验，我们一般会想到一位头发花白的老人，这是因为老年人见到的事情多、阅历丰富。

但是，对小朋友来说，经验却并不一定都是好事情，因为经验会影响你的创新思维能力，使你只能从原本的经验出发思考问题，却创造不出跳出经验圈子的新发现。

许多少年发明家都不相信自己以往的经验，他们只相信自己的直觉，并自由地思考问题。

小朋友听说过"初生牛犊不怕虎"这句古语吗？

初生的小牛犊没有见过老虎，不知道老虎的厉害，对于对付老虎的经验也是一片空白，但是当它发现有只老虎拦住去路

第125页答案：第一个数和末尾那个数相加、第二个数和倒数第二个数相加，它们的和是一样的，即1+100=101，2+99=101，…，50+51=101，一共有50对这样的数，所以答案是50×101=5 050。

的时候，以为老虎只是跟其他动物一样的普通"入侵者"，就本能地冲上前去和老虎一争高下。而老虎反而被这意想不到的对抗吓得不知所措，因此落荒而逃了。

诚然，凭经验去做事是很容易，但是这容易让人心理疲劳和精神懈怠，创新精神也就不会有了。

小朋友要相信自己的眼睛，不要被经验阻挡住了创新的思维。

如果有了新的点子，就想办法去实验，因为经验只能让你的思维懈怠，你的思维也只能是在原地打转。

空格内是什么

有一个如图所示的数字板。请开动你的脑筋，猜一猜空格内应填入什么？

摆脱失败的包围圈

我们每个人都期望自己做任何事都能成功，害怕失败，因为失败会遭到别人的耻笑，同时会给自己带来损失，也让自己难过。

由于失败之后带来了太多我们不想承受的影响，因此，大多数人都希望做事十拿九稳。

但是，这种害怕失败的做事方法对小朋友创新意识的提高却是非常不利的。

创新都要逆前人的思维而动，需要承受试验的失败，创新也不是一定就能成功，要冒很大的风险。

小朋友可以试着将自己新奇古怪的想法运用到实验中去，只有不怕失败、勇于实践的人才能有所成就。

你知道吗？爱迪生小时候还曾学母鸡孵化小鸡呢。

人们思维的懒惰特性和失败恐惧心理限制了创新思维的发挥，如果让你骑着自行

第3页答案：左边的问号处应填入"★"，右边的问号处应填入"#"，因为这是电话机按键。

第一章 打破陈旧的思想

车在大路上行走，你会毫不费力地骑上好几个小时。

但是，如果让你在一条只有10厘米的白线上骑自行车，你的信心肯定就会动摇，因为你害怕自己骑不好而遭到别人的讥笑。

因此，小朋友要想提高自己的创新思维能力，就要坦然面对失败的考验。

无数历史故事证明：

只有能跳出失败圈子的人，才能让自己的思维变得具有创新的特质。

多少个等边三角形

发挥你的想象力，仔细数一数，右面图形中到底有几个等边三角形。

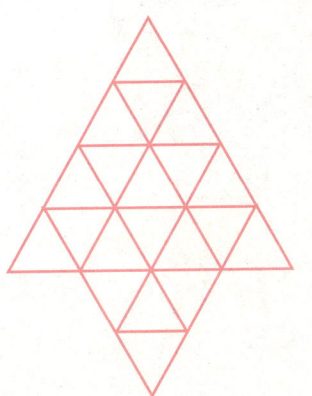

CQ 创意

3 不妨去除大脑束缚

我们都喜欢生活在整齐、干净的环境中。

也许妈妈经常会提醒你卧室要整理干净，穿衣服要干净整洁等，总之，就是要求小朋友从小养成良好的生活习惯。

但是，最近的研究成果表明，整齐划一的生活环境会无形中阻碍孩子的创新思维能力。

至于那些比较混乱的地方，比如喧嚣的大街、拥挤的人群以及堆积的垃圾山和没有规划的街市，父母都会告诉你这些地方很乱，你不适合来这里玩耍，你需要到超市买东西，去经过人工刻意修饰的公园玩。

在这样的环境下，小朋友的眼中只有秩序，你们已经习惯了接受这些整洁有序的环境：

（1）桌子上的物品必须摆放整齐，进门后鞋子要摆端正。

（2）作画的时候你必须按照现实或画册上的事物进行描绘……

任何个人随意的思维模式在大人眼中都是不正确的：

（1）他们要求你起床后必须叠被子.

第5页答案：35个。你是不是有遗漏呢？

第一章 打破陈旧的思想

（2）说话要想好了再说，学会隐藏情感……

这些，父母认为是天经地义并且是有教养的象征。

其实，这些深藏在大脑中的潜规则已经束缚了你的想象力，你的创意也会逐渐消失，变得和其他大多数小朋友一样了。

因为，创意从根本上讲就是一种乱七八糟的过程，强制地去整理和规定只能使大脑受到太多规定的束缚，使创新意识受到遏制，不利于大脑的开发。

喝　水

满满一大壶水，足有5千克重，一口只能喝半杯，你能在10秒内让水壶一下子变空吗？

7

4 大胆质疑权威

小朋友,你知道权威的意思吗?

还是举个例子来说明一下吧,比如,妈妈老对你讲:"上学过马路的时候,一定要靠右走。"

这就是一种权威,权威就是使人信从的力量和威望。

小朋友整天接受的都是书本上的知识,回家又要听爸爸妈妈的话。

在这样的情况下,你只有去大胆的质疑权威,才有可能创新。

比如做实验的时候,老师要求你必须按照他的要求或者书上的步骤做,那么,你就要仔细想一下,为什么必须要这样去做呢?

可不可以将实验步骤颠倒一下看看是怎样的结果呢?

为什么不能在电线杆、大树下躲避雷雨呢?……

这些"为什么"就是你质疑

第7页答案:随便你怎么做都可以,比如把水一下子泼在地上。看好了,题目并没有限制这样做。

第一章 打破陈旧的思想

权威的最好例证。

小朋友在读书和看电视的时候，不要一味相信这些信息都是真的，要学会质疑，多问几个"为什么"，最好认真思考自己的疑问，"尽信书不如无书"。

如果你不懂得质疑权威，那么你看再多的书也都是死书，没有什么意义。

有些过时的权威知识，到现在可不一定就是权威，所以我们要学会大胆质疑权威。比如：

（1）布鲁诺就是大胆地怀疑"地心说"，并通过自己不断地观察，发现了"日心说"。

（2）伽利略就是不相信亚里士多德的重物先落地的理论，才发现了两个轻重铁球同时着地的自由落体理论。

因此，小朋友要对权威保持一定的怀疑精神。

这样，才能发现新科学，创造新知识。

两岁山

有一个国家的一座山，海拔12 365英尺。当地人根据这座山海拔英尺的数字，称它为"两岁山"。你能理解这是什么原因吗？

CQ 创意

5 要清醒地去面对评价和称赞

小朋友你肯定是大人眼中的主要人物，相信爸爸妈妈、爷爷奶奶会充分考虑你的感受和想法。

你今天好不容易做对了一道有点难度的习题，妈妈或许会拍拍你的头说："哇，宝贝真聪明！"

你也因为妈妈的称赞而心满意足。

其他的事情，比如你一个人在家照顾好了自己，亲手切了一个大西瓜；在妈妈的要求下，为爷爷拿来拖鞋等。

只要你做了以上这类简单的事情，都会得到大人的称赞和表扬，在这样的情况下，你会很在乎别人对你的评价，自己也失去了自由思考的习惯，因而慢慢地丧失了主见。

相信大多数小朋友都在面临这种称赞和好评吧。

因此，小朋友在面对这些称赞时要学会区分。

专家研究发现：

过度的称赞可能使孩子的创造性减半，由于受到称赞，小朋友的注意力只集中在大人称赞自己的行为和领域，这样就没有机会再去创新。

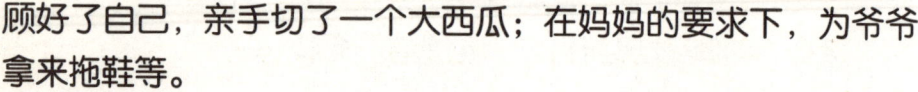

第9页答案：人们把前边的"12"看做一年的12个月，把后边的"365"看做一年的365天。前后加起来，正好是两岁。

第一章 打破陈旧的思想

小朋友需要不断地加强自己的爱好和创新思维训练，比如，绘画、雕刻、书法、做科学实验等活动，都能很快地提升小朋友的创造思维能力。

而那些过分的评价和称赞，小朋友必须远离。

分衣服

有两位盲人，他们中的一位，买了两件黑衣服另一位买了两件白衣服，衣服的布料、大小完全相同。两位盲人不小心将自己和对方的衣服混在了一起，在不让别人帮助的前提下，他们怎样才能取回各自的两件衣服呢？

CQ 创意

6 自我评估

每个人生下来都应该平等地拥有创造力；

每个人的创造力都可以改变自身的命运和身边的世界，但是，每个人所受的教育和生活环境不同，因而造成了创造力上的巨大差异。

那么，你的创造力到底怎么样呢？

还是让我们来做一个自我评估吧！

该测试是耶鲁大学性格研究中心的马克·詹姆斯博士为了确切说明有创造力的人的特征而得出的结论，你可以通过测试来评估一下自己的创造力：

（1）特别善于观察，非常重视自己观察力的提升。

（2）经常表达部分真理，而且表达方式非常生动，易于让人接受。

（3）能发现一些人们熟视无睹的新现象。

（4）对事物的看法和感受总是另辟蹊径，有超乎常人的想象力。

（5）能动手将一些平常的东西改进成有创意的东西。

第11页答案：把衣服放在太阳下晒，黑色更吸光，温度更高些。那么，热一些的就是黑衣服。

第一章 打破陈旧的思想

（6）精力充沛，身心健康。

（7）内心世界丰富，喜欢过多样化的生活。

（8）喜欢幻想，愿意接触潜意识的生活（幻想、梦想、想象世界）。

上面的测试没有答案，你只需要在没有做到的地方继续努力。

可见，创造力主要在于个人内心的想法。

如果缺少想象的空间和要求自己不断变化的欲望，创造力就无从谈起了。

因此，聪明的小朋友，从现在开始，踏上我们的创造力提升之路吧！

给相机拍照

如果你有一台照相机（注意只有一台），你有什么办法把它拍下来？

 CQ 创意

跳出以自我为中心的圈子

下面来看一则资料：

我们经常看到关于人造卫星到其他星球寻找生命的报道，但直到现在，科学家还不敢肯定哪个星球上存在生命。

我们也相信科学家的测试和结论，但几乎没有人会怀疑我们人类对于生命的定义是否也适合整个宇宙空间。

通常情况下，生命的存在首先要具备细胞、液态水、大气等相关条件，按照这一条件也许只有地球上存在生命，但是，我们是不是太以我们地球的思维来定义生命了呢？

难道没有其他形式的生命存在吗？

其实上面关于生命的定义本身就是地球人以自我为中心而想当然的理解。

同样的道理，小朋友在学习和与人交往的时候，太以自我为中心也会影响创新思维的形成。

研究证明，经常参加讨论和交流有利于思维的开发。

举个例子来说：

你向某人传达自己的意图和想法时，不允许他问你任何问

第13页答案：对着镜子把它拍下来就可以了。

题,也不能出现暗示的表情,他只能按照你的命令无条件地去执行,这样的结果将会是怎样呢?

不言而喻,其结果肯定会非常令人失望。

我们需要跳出自我的圈子,站在别人的角度上思考问题,通过相互比较和启发才能使自己的思维保持弹性,才能有所创新。

外国人与中国人

有一个人到外国去了,可是他周围的人都是中国人,你知道这是什么原因吗?

CQ 创意

不要丧失了自己的想象力

想象在创造力中占据着非常重要的位置，莱特兄弟就是想象自己能如同鸟儿一样在天上飞翔，才创造出了飞机；人类想象自己能在水上漫游，才创造出了各式各样的轮船。

这些都是想象的结果。你看一下自己的周围，几乎每一件东西都与想象分不开。

想象力在推动社会进步中发挥了举足轻重的作用，在小朋友的成长历程中也扮演着很重要的角色。

比如，设想用六根等长的牙签组成四个等边三角形，你能在多长的时间里解决这个问题呢？

这就是一个非常简单的想象力问题。

如果小朋友没有丰富的想象能力，要解决这样的问题可能并不是很容易，因为，这是一个关于三维空间的几何问题。

可是，只要你将六根牙签组成一个如金字塔的四面体，问题就解决了。

再数数看，这个"金字塔"的四个面是不是四个等边三角

第15页答案：这是一个到中国来的外国人。

第一章 打破陈旧的思想

形呢？

想象力还体现在绘画和艺术的各个层面，最常见的就是小说和影视艺术。

小朋友的想象力不能被标准答案和以往的经验束缚住了，只有丰富想象力的人才会有创造力。

这种锻炼的方法在野外生存的时候体现得最明显，小朋友不妨多参加一些野外活动，巧妙地利用身边的条件创造出自己需要的东西。

具有丰富想象力的小朋友不要怕别人的讥笑，只要自己有了新的想法，就应该大胆去实践。

超难的数字迷宫

这是一个超难的数字迷宫，要求每个大九宫格里每一行、每一列以及每一个小九宫格都必须包含1~9这9个数字。现在你需要的是时间和超级的推理思维。

 CQ 创意

9 我们从猴子身上学到了什么？

有这样一则故事：

美国的一位科学家做了一个很有趣的实验：

他将四只猴子关在一个铁笼子里，在铁笼子的顶端挂着一串新鲜的香蕉，香蕉上安置着一种感应设置。

这种奇怪的设置和笼子顶端的一个开水龙头相连接，只要猴子一碰香蕉，就会喷出开水洒满笼子。

这四只猴子刚一关进笼子，一只猴子就上去摸香蕉，结果刚一触摸开水就喷了下来，其他的几只猴子也跟着受罪，它们非常愤怒，一起冲上去将那只好吃的猴子暴打了一顿。

从此，没有一只猴子敢去动那一串诱人的香蕉，这样过了好几天，这些猴子饿得在笼子里乱窜。

第17页答案：

最后，还是上次挨揍的那只猴子饿得顶不住了，又一次动了笼子顶端的香蕉，结果可想而知，开水又喷了下来，其他的猴子又一次将这只不知悔改的猴子暴打了一顿。

没多久，科学家换走了一只猴子，又往笼子里塞了一位新成员。

这只猴子一进笼子就看见了顶端悬挂的香蕉，它毫不犹豫地就跳起来摸香蕉，结果开水喷了下来，这只新来的猴子立刻遭到了老成员的暴打，其中，挨过两次暴打的猴子打得最狠、打得最重。

这个故事说明了：创新思维需要面对许多困难。

所以，小朋友应该仔细想一想，在自己立志创新的过程中，能从猴子身上学点什么呢？

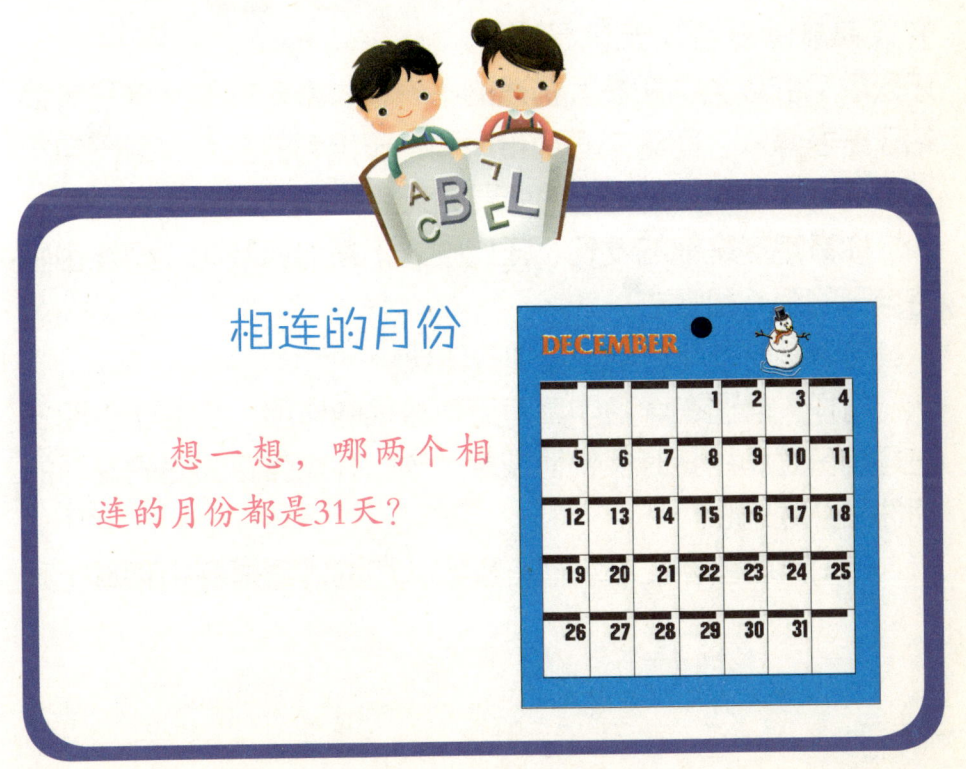

相连的月份

想一想，哪两个相连的月份都是31天？

 CQ 创意

 请保持自信的心态

自信是建立在一定的实力基础之上的。

亲爱的小朋友,你是不是很自信呢?

在思维创新的过程中,自信是一种非常重要的心态,比如:

你发现自己在野外观察到的天鹅非常奇特,无论是叫声还是羽毛的颜色都和书上描述的不一样,好奇的你给这只天鹅拍了好多照片,回家之后翻查所有关于天鹅的资料,对照自己观察的结果发现,这是一种变异的天鹅。

你肯定这是你的发现,任凭别人不断的讽刺和怀疑你也坚持自己的观点和看法。

这就是自信在创新思维中的体现。

同样,自信在学习中具有无可替代的作用,它能让小朋友在遇到困难和挫折时很快地恢复过来,并增强在面对困难时的韧性和必胜信心。

传说英国首相丘吉尔最不喜欢参加的活动是葬礼和婚礼,

第19页答案:你可能马上会想到7月和8月,但是你是不是忘了12月和1月呢?

第一章 打破陈旧的思想

因为他认为自己在这些活动中无法成为中心人物。

也就是说,除了这两项活动之外,他都自信自己可以成为首屈一指的中心人物。

自信就是从一件件小事中逐渐锻炼出来的,你得首先摆出自己的优点,让优点来弥补不足,并提前做好战胜一切困难的准备。

当然,最为重要的还是要有必胜的心态。

错误的等式

62-63=1是个错误的等式,能不能移动一个数字使得等式成立?如果移动一个符号让等式成立,又应该怎样移呢?

62-63=1

CQ 创意

99 学会打破思维定势

你分苹果的时候，通常会横着切还是竖着切呢？你注意到了吗？

一般人都会竖着切苹果，这是我们的思维定势，还有更让人感到失望的就是有些人在切完苹果后从来都没有仔细看看横切面的图案。

因此，我们的思维就逐渐地停滞下来，不知道竖切面是一个如同人左右心房一样的图案，更不知道横切面的图案竟然是一颗五角星。

这类情形在我们的学习和生活中会经常碰到。

比如有些人可能喜欢放学回家走同样的一条路，那条路上经常发生的一些微小变化他从没有注意到。

如果你想闭着眼睛走盲道，妈妈也许会批评你不好好走路，这样一来，在你意识里盲道只有盲人才能走。

第21页答案：把2和3位置对调。把等号中的一个"－"移动到前面的减号上，使等式成为62=63－1。

第一章　打破陈旧的思想

你看书从来都是先从第一页开始，根本没有试过从后往前看，或者任意翻一页就往下看，更不用说看完上半部就停下来，自己根据故事的内容和书的框架构思下半部的内容。

像这样的思维定势很多，某种情况下习惯本身就是一种思维定势。

它抑制了创新思维的发挥，限制了你成为下一个爱迪生的可能。

因此，只有打破那些一贯的思维定势，才能有新发现，激发出新思维。

数字方阵

用2、3、4三个数字，填进方阵的9个方格，让每一行和每一列的总数都相等。

12 抛弃寻找标准答案的想法

在绝大多数小朋友的心目中，每道题都应该有一个标准答案，因为只有回答接近标准答案的时候才能得分。

这种无限制地追求标准答案的后果，只能使你专注于应试时努力思考标准答案，却从来没有思考过还有另外的解题方法。

更可悲的是，你不小心用一种全新的解法得出了与标准答案不同的答案，你却从来没有想到这是自己创新的结果，或者是标准答案有问题。

相反，在这种情况下，大多数小朋友都会怀疑是题目有问题，而没人敢去质疑是标准答案的错误或者不完整。

这种一味追求唯一标准答案的想法是不可取的，它严重限制了创新思维的发挥。

小朋友要相信自己的思考方法和创新思维的正确性，这样才能摆脱标准答案的习惯思维。

因此，在以后的学习和生活中，解题不一定非要套用老师

第23页答案：

2	3	4
4	2	3
3	4	2

第一章 打破陈旧的思想

教给你的方法，你完全可以从自己的思考角度去理解问题，并得出属于自己思维的正确答案。

创新思维在分析问题的时候体现得非常明显，追求标准答案的思维带给你的是既快又准地得到答案，而没有举一反三的思考余地，创新思维则会提醒你从另外的角度去解决问题，从而活化了大脑，锻炼了思维能力。

神枪手

　　有一个士兵，刚刚学会开枪。连长让人用眼罩把他的眼睛蒙上，让他手中握一支枪，然后连长把他的帽子挂起来，让这个士兵向前走40米，然后反身开枪，要求子弹必须击中那顶帽子。你知道那个士兵怎么做才能一定击中那顶帽子吗？

第二章

创新思维

第二章 创新思维

 学会激励自己的大脑

小朋友肯定希望自己的付出和劳动能够得到对等甚至超值的回报吧?

这就是我们的心态问题,如果我们上次的劳动得到了很好的回报,那么,下次在面对同样的事情时,你就会充满了成功的希望和积极的心态。

假设你在课外无意间发现了一个很特别的物理现象,你非常仔细地做了观察并亲自试验了一次,然后将自己的观察和试验结果写成了一篇学术小论文交给老师,没想到你竟意外地获得了学校的科技成果奖。

这个奖励可能会激发你的创新欲望,使你对科学研究和试验产生了极大的兴趣。

第25页答案:题目只是说把帽子挂起来,并没有说挂在哪里,当然可以把帽子挂在枪口上,这样就能轻松做到了。

CQ 创意

这个无意中的成果会激发你大脑中的创新思维，它会调动你的积极性，在以后的学习和生活中，让你具备"另一只眼"，充分利用创新思维能力。

一个科学家曾做过下面的实验：

他雇佣了一名伐木工人，科学家要求伐木工人用斧子的背部来砍一根原木。

科学家告诉伐木工人说，干活的时间照旧，但报酬加倍，他的任务只是用斧子的背部砍那根原木。

伐木工人干了半天之后就不干了，他说他要"看着砍树的木片飞出来"才行。

这个实验告诉了我们：

成果对人是多么的重要。

大家都一样，只有看到了劳动的成果，才会卖力地去学习，同时激发自己的创新思维能力，以便能取得自己满意的成果，让效率更高。

汉字积木

在下面的积木块中，这五块积木可以组成一个汉字"上"，你知道应该怎么拼吗？

第二章 创新思维

 **自我暗示五原则**

世界上著名的成功学家拿破仑·希尔的研究证实：

积极地带有创新意识会帮助我们在自发的心理中实现自己的目标。

小朋友在学习和与其他人交往时，可以通过"良性自我暗示"来激发自己的内在潜能。

下面五个原则将会帮助小朋友建立良好的自我暗示。

原则一：你需要在说话时力求简洁有力

比如"我越来越进步了""我读了一本好书"等。

原则二：以积极正面的心态去思考问题

如果你说"我不会比别人更差劲"，虽然你没有说自己"差劲"，但这种消极的想法会将"差劲"留在你的脑海中，因此，你需要积极正面地说："我比别人强。"

原则三：要实事求是地给自己制定计划

你的计划要有可行性，比如你计划这学期要考到全校第一名，如果这种计划是不可能的，那就降低为以下标准：

第28页答案：

 CQ 创意

先考到全班第一，然后再向全校第一迈进。

原则四：学会将大脑所有的机能统一起来

你在制定自己的计划时，一定要在大脑中想象一下，尽可能地将该想的都想好了，同时调动大脑中所有的机能参与，以求加深计划印象。

原则五：全身心投入自己的计划和理想的实践中

同时保持良好的心态，关心自己的健康，充满朝气和活力，相信自己一定能够在下次考试中获得非常不错的成绩。

这些自我暗示的好方法能让小朋友在心态上获得满足感，并帮助你战胜困难。

小朋友需要在平时的学习和生活中，多多锻炼自己的良性暗示，同时将其投入到实践中去。

因为只有动手实践过的经验和方法，才会对你产生影响。

看 一 看

把一张普通的书写纸卷成筒状，将左手平放在纸筒的左边。两只眼睛都睁开，然后用右眼往里面看。试试看，你会发现什么？

第二章 创新思维

 享受视觉"头脑风暴"

视觉"头脑风暴"是近几年来风靡世界的一种创新思维方法，它是挖掘个人思维宝藏的极佳方式。

小朋友也可以自己来玩一把，你只需拿出一张白纸，在白纸中间写下脑海中的一个关键词。

比如你在白纸中间写下了"水"这个词，接下来要做的就是从这个关键词向外扩展，迅速记下与之相关的任何事实、印象或图像。

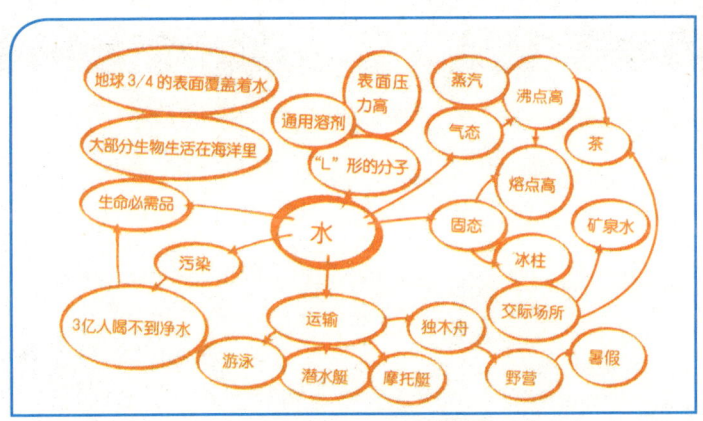

你可以随便联想，只要能和水沾上边的内容都可以写下来。

当你快速地记下自己的所有想法时，也就创制了一幅思维结构图，这幅图就解释了你的思维发展样式。

第30页答案：发现左手中间有一个圆形的空洞。

CQ 创意

这种视觉"头脑风暴"可以任你思想狂奔,你可以向四面八方发展,任意联想,跟着感觉走,而不必遵守任何预先设置的道路和框架。

在这样的情况下,只要有新奇的想法溜进大脑,就需要将它们记录下来,放弃任何监督和控制思想的行为。

视觉"头脑风暴"是一种锻炼你思维灵活度和创新思维的好方法,小朋友可以在有空的时候通过练习来提高,你可以将其视为练习和娱乐,在大脑放松的时候训练最佳,你只要写下主题所能联想到的任何东西,越多越好。

比大小

比较下面的两个图片,判断它们中间的圆圈哪个更大一些?

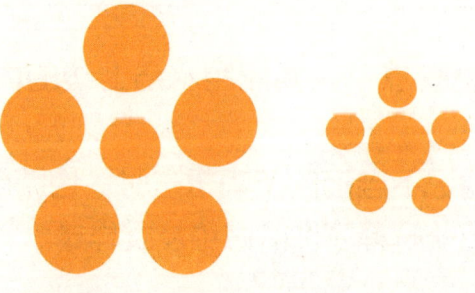

第二章 创新思维

4 刻苦学习，天天向上

小朋友当前最重要的事就是学习，要相信一点，通往成功的道路没有一条是平坦的。

你需要刻苦学习，锻炼自己的基本功，这样才有可能抓住眼前的每一次机遇。

一个深具创造力的人平时或许看起来游手好闲，但是他们对自己钟情的事业往往有超越常人的敬业精神。

当一闪即逝的灵感来临的时候，他们总是废寝忘食，埋头苦干，最后才创造出了光耀世界的伟大发明，比如爱迪生、达尔文、马克思等人。

首先小朋友在学习过程中，要给自己定学习计划，这些计划除了包括完成老师要求的作业，还要有课外学习的时间，你可以根据自己的实际情况，随时安排时间，制订学习方法。

其次，建立理想，树立一个学习的好榜样，并努力向自己

第32页答案：两个圆一样大。在看这两个图片时，我们往往是通过它们周围的圆圈，来比较中间的圆圈的大小，所以会得到左边的那个图中的圆圈比较大的感觉。这其中是一个视觉误差。

 CQ 创意

心目中的榜样学习。

接下来，就要找对适合自己的学习方法，让自己高效地完成学习任务，并能节省大量的时间。

小朋友正处于身体发育的重要阶段，应该保持充足的睡眠和稳定的作息时间。

小朋友应该坚持每天都能学习到知识，并且让自己天天都有进步，这样才能实现理想。

聪慧的木匠

一位聪慧的木匠把两个积木切成下图的形状。当然，反面也是同样的外观。你知道这位木匠是怎么切割的吗？

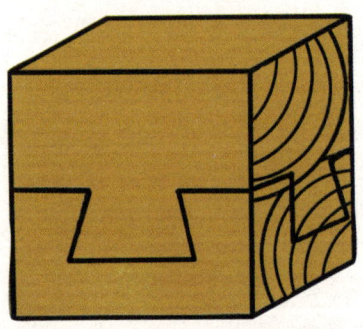

第二章 创新思维

 **宽容别人，快乐自己**

我们每个人都要学会宽容别人，宽容别人相当于给自己的心灵放假。

如果小朋友从小不懂得宽容别人，只是一味地记下别人对你的伤害，那么，你很可能天天  都不会快乐，因为你的内心装满了让你不快乐的事情。

你的一个同学前几天在班会上说了你好多缺点，让你在全班同学面前下不了台，你记下了他对你的伤害，时时提醒自己不要忘了"复仇"。

如果你整天想着这件事，你就很难快乐。

与其这样，不如你开始原谅他，这样，你的内心就会因宽容而有了成就感，快乐自然而然就伴随着你了。

小朋友在和别人交往的时候，要尽力看对方的优点并努力学习，比如小王非常温和，李明的微笑最能打动人心，王强在

第34页答案：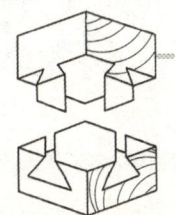

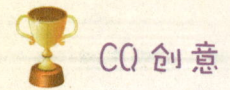

学习时效率非常高,能注意劳逸结合等。

如果别人对你有了伤害,你需要静下心来仔细想想这是为什么,然后想办法给对方找理由:"我相信他一定是无意的!"

"他这样做是想暗示我说了不该说的话。"等。

从简单的事情开始,慢慢地学会宽容别人,这样,你就会获得别人的友谊,自己每天都能保持快乐的心情,学习效率也会相应的得到提高。

倾斜的线条

仔细看一看,下图中竖直的线条是倾斜的吗?

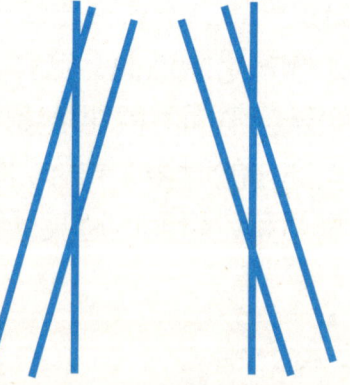

第二章 创新思维

6 不要熄灭了自己的好奇心

打破常规思维定势往往能使一些普通的人成为卓尔不凡的大人物。

可是，绝大多数人都是站在一成不变的角度思考问题的，他们从来都没有想过使用其他的方法，只知道事情本来就是这个样子，却从来不考虑它为什么不会成为另外那个样子。

小朋友需要学会的就是要用好奇的心看待自己身边的事物和问题。

小朋友经常被身边的一些常见现象所吸引，总会不停地问大人许多奇怪的问题：

比如母鸡为什么会下蛋呢？太阳在阴天是不是怕冷不想出来了呢？

诸如此类的问题使他们形成了好奇的思维，迫使小朋友急于想弄明白为什么。

你就应该保持这种处处感到好奇的心态，因为好奇心能锻炼你的创新思维能力。

第36页答案：这就是著名的倾斜感应。尽管竖直的线条看起来有点儿朝外倾斜，但它确实没有倾斜。斜线会引起我们方向感的错觉，使倾斜的效果更强烈。

CQ 创意

在思考问题的时候，你完全可以在好奇心的引导下，从一个全新的角度来理解问题，并提出创新的好方法，这就是好奇心带动思维创新的结果。

小朋友可以就日常生活中发现的好奇现象创造出一些新的东西，比如玻璃杯为什么在冬天一遇开水就会破裂，白炽灯泡为什么会发出略带红色的光，为什么用蓝色塑料纸板看白炽灯只能看到里面发亮的钨丝……

同类的问题都会引发你的好奇心，引发你对新的问题进行思考，也会激发你的创新意识，促使你更加努力地学习。

最高的人

仔细看下图，3个人中，最高的是哪一位？

第二章　创新思维

改变做事时的心态

　　小朋友是不是喜欢自己做的每一件事呢?

　　可能大多数时候，小朋友在做事的时候总是那么的不情愿，撅着小嘴、瞪着双眼，眼神里充满了委屈。

　　你正在看最精彩的动画片，妈妈却要你将饭桌上的碗筷收拾一下，想象一下自己此刻的心情吧!

　　你玩电脑游戏正起劲呢，但是爸爸却要你立刻回到书桌旁写作业，你是气愤地将电脑游戏扔掉呢，还是一声不吭地回到书桌旁，手中拿着书，满脑子却是电脑游戏升级的游戏画面呢?

　　上面这些情形可能是小朋友经常遇到的，但是该怎样解决这些让内心经常不开心的问题呢?

　　最常用的办法就是改变做事的心态，因为心情和态度决定了你做事时所取得的效果。

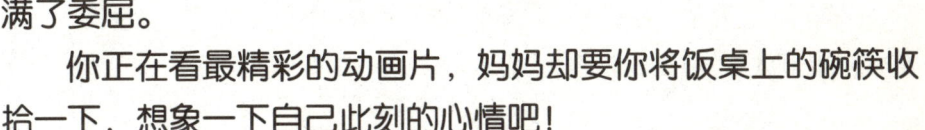
第38页答案：三个人一样高。

CQ 创意

如果你对明天要进行的一场篮球赛充满了必胜的信心，你可能在今晚会兴奋得睡不着觉，在球场上也可能会超常发挥，这就是因为你心中想着要主动去打球，并且有必胜的信心。

这种变"要我做"为"我要做"的心态调整法，会让你在做事的时候精神百倍，勇于面对困难和挫折。

小朋友在做其他事情的时候也需要这样，只有你喜欢并主动希望去做的事情，你才能发挥出自己的潜质，才会做得很好。

最大的数

1，2，3所能组成的最大数是多少？

第二章 创新思维

重视自己的第一印象

图1

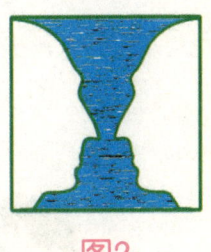
图2

观察上面两幅图，然后回答下面的问题：

（1）图1中方块的数目是多少？

（2）仔细看一下图2，你肯定觉得奇怪吧，怎么会有这样的错觉呢？

好了，你只需将自己所能看到的图案像什么写出来就行了。

这种能训练人错觉的图案还有很多，上面的答案你都写出来了吗？

在这里要告诉你的是，我们没有标准答案可以让你参考哦。

小朋友可别忘了，我们的创意就是要突破"标准唯一答案"的：

（1）对于第一幅图中，你可能数出了3个方块，也有可能是7个方块。

（不要沮丧，你的任何一种答案都是正确的。）

（2）最后一幅图如果你只看中间部分的话，它就是一个

第40页答案：3^{21}。

酒杯或者烛台，但是你要是关注两边的话，那么就像两个面对面头像的剪影。

通过上面的训练，小朋友也许感觉到了，第一印象往往都是比较准确的，也许这是人内心深处的潜意识在起作用。

但是，不得不承认，创新思维在绝大多数情况下，都是由于第一印象的激发才形成的，因此，提醒小朋友无论是在一个新环境中，还是在面对新事物的时候，第一印象都是非常重要的。

排 队

如果要24个人站成6排，每排分别有5个人，应该怎么站呢？

第二章　创新思维

 学会摆脱忧愁与烦恼

小朋友在遇到困难和挫折的时候，情绪会不可避免地受到影响。

比如期中考试的时候，你没有取得预想中的好成绩，这让你非常难过，因为你这学期一直都很努力，这样肯定会影响你的情绪，你变得沉默寡言，看什么都觉得不顺眼，似乎整个世界都在与你做对一样。

在这样的情况下，小朋友就需要学会摆脱忧愁和烦恼，将自己烦闷的心情改变成以前的自然状态。

通常的做法，就是让自己先淡忘这件不开心的事情。

最好采用精神放松法，你可以出去散步，找同学聊天，或者出去参加一项对抗性很强的体育锻炼，比如打篮球、踢足球等；你也可以进行深呼吸，数数或让自己沉思，将自己的心情重新调到最佳状态。

总之，不管你采用什么方法，只要能让自己的心情和情绪状态恢复到最佳状态，能重新让自己全身心地投入到一个崭新的学习中去，就是你摆脱忧虑和烦恼的最好方法。

第42页答案：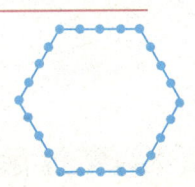

找出最长的竖线

在下列这些流动的竖线中,你能找出最长的一条吗?

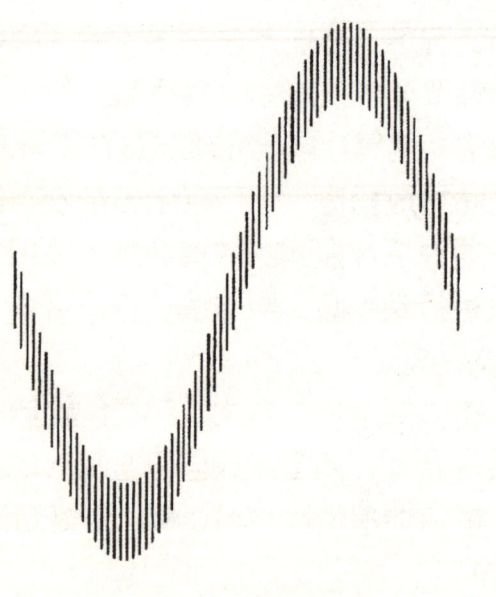

第二章 创新思维

进行多样而丰富的游戏

小朋友在玩的时候也可以培养自己的创造性活动，你可以经常进行多样而丰富的游戏，这些游戏能使你感受到创造的快乐。

当然，最好的创造性游戏就是小朋友自己去创造的游戏哦。

下面就是一些培养你创造力的小游戏，小朋友可以在课余时间亲自体验一下。

将生活中的废品或一些不用的日用品暂时收集起来，可以将废报纸、易拉罐、书包、纸箱等想办法设计成一种新的东西。

比如用废报纸练书法，易拉罐做成风铃等。

自己动手制作一份报纸，内容和版式都按自己的设想和喜好设计，然后给你的报纸起一个自己喜欢的名字，最好用手写，这样保存起来非常有意义。

你可以尝试一个月出一期，内容可以有笑话、小故事、学习方法、心得体验，以及介绍其他方面的知识等。

总之，一切以你的喜好定，因为它属于你。

自己亲自下厨，做好吃的饭菜、点心、汤等，但你一定要

第44页答案：虽然我们看起来这些线段的长度是有差别的，但所有线段的长度其实都是相同的。

CQ 创意

小心，要在父母的帮助下完成。

把以前的画册拿出来，发挥自己的想象力，将画册上的图案大改一番，只要自己觉得有新意，有耳目一新的感觉就好。

比如你可以给丑小鸭戴一个漂亮的遮阳帽，让猴子在大海中游泳，给公主画两撇小胡子再配一把剑等。

将以前自己读的故事书改内容、改结尾，让它表现你现在的心情。

如果你心情非常好，那就让狐狸想办法终于吃到葡萄；

如果你心情不好，那就让王子再变一回青蛙……

这些都是你的创意在帮助你获得快乐。

因此，小朋友在玩游戏的时候，要用自己的创新思维去体验另一种全新的玩法。

奇怪的科学家

一位科学家来到一个小镇，他发现镇上只有两位理发师，他们各有自己的理发店。科学家需要理发，于是他先察看了一家理发店，一眼就看出它非常脏，理发师本人衣着不整，而且头发凌乱。再看另一家理发店，科学家发现这家店面崭新，理发师的胡子也刚刮过，而且头发修剪得非常好。科学家稍作思考，便返回了第一家理发店。你猜这是为什么呢？

第二章 创新思维

99 学会准确地推测

提起推测，小朋友都会想到推测将来的情况，但是，推测不仅可以适用于将来，还适用于过去，对将来的推测我们称为预测。

比如说，小朋友通过对今天天气情况的了解，就可以预测明天的天气情况。

今天好朋友没有来上学，你会推测他是不是病了。

这样立足于现实，并对将来和过去的猜测，可以提高小朋友的逻辑思维能力和想象力。

这种推测在现实生活中具有非常重要的作用。

1982年，墨西哥发生了强大的火山喷发，形成了十分壮观而罕见的火山灰冲向云霄景象，人们为此赞叹不已。

但是，美国的一个专家组却意识到，这些悬浮在半空中的火山灰，将会造成世界大面积的低温多雨天气，来年的粮食作物将会大量减产，政府立即做了充分的应急措施。

第二年，果然不出所料，世界各国粮食大幅下降，而美国

第46页答案：因为镇上只有两位理发师，这两位理发师必然要给对方理发。科学家挑选的是给对方理出最好发式的那位理发师。

却成了当时唯一的粮食出口国，在国际市场上发了一笔横财。

同样的道理，历史学家可以通过对史书记载的分析，推测出史前人类的衣食住行等活动。

这些都是推测的重大作用，推测需要小朋友大胆去设想，然后再通过一些蛛丝马迹的线索去证实自己的设想。

这整个过程对小朋友来说，都是思维的创造性活动，小朋友需要在这方面多加训练，才能使自己的推测更加接近真实，创新思维能力才能得到提升。

搬岩石

公园里新运来一些漂亮的花岗岩，其中一块重达15吨，另外一些小的花岗岩也有150千克左右。现在园丁师傅为了更加美观，想把这些大岩石放到小岩石上，但想要搬动这块15吨重的庞然大物似乎不太可能。刚巧有一位新来的园丁得知此事，三两下就把这块巨石搞定了。你猜猜看，新来的园丁用的是什么办法？

第二章 创新思维

走出"自我"的狭窄天地

有这样一个笑话:

有个穷苦的人整天辛辛苦苦为别人担水,依靠出卖自己的体力赚一点小钱。

有一天,他和另一个挑水的人在一起聊天,讨论皇后娘娘挑水时的扁担是用什么做的,他们一个说是用金子做的,而另一个说金子太重,一定是用玉石做的。

小朋友可能会笑故事中那两个人真笨,根本就不知道皇后娘娘不需要亲自挑水这个道理。

这种凡事都站在自己角度上思考的思维方法是要不得的。

因此,小朋友在思考问题的时候,一定要跳出"自我"的狭窄天地。

在下象棋的时候,只有那些思维缜密、站在对方角度上思

第48页答案:他将大岩石的下面掏空,然后将小岩石放在大岩石下面就行了。

考问题的人，才能最终获胜。

比如说，如果我出"车"的话，对方最有可能走的是哪一步棋？

他要上"马"呢，还是先"将军"后攻"兵"？

只有明白对方的意图之后你才能做出相应的对策。

学习也是一样，老师会经常强调在考试的时候，要站在命题人的角度来思考。

比如有一道很长的四则混合运算题，你要先考虑命题人是想考你的运算法则呢，还是要考你的运算能力及细心程度？

只有充分了解了对方的意图，你才能胸有成竹地得出最佳答案。

邮票有几枚

6角的邮票每打有12枚，那么1.2元的邮票每打有几枚？

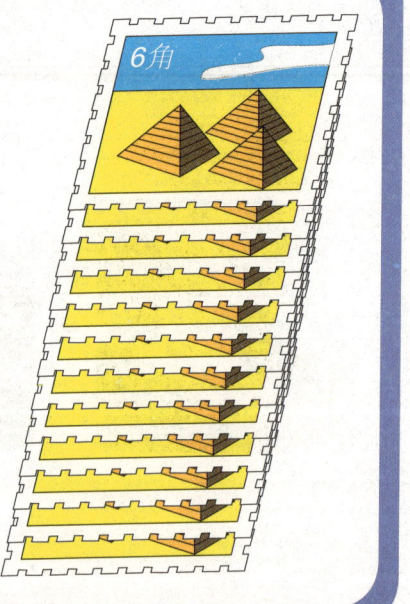

第三章

打开思维的方式

9 最愚蠢的老鼠和最聪明的猫

如果小朋友经常做一些没有范围和边界的思考，头脑中就不再会有各种规则的缠绕，在思维过程和思维结果都处于混沌状态下，往往就能迸发出创新思维的火花，而这些创意开始可能比较可笑或不切实际，有时可能还会觉得非常愚蠢。

但是，在这些可笑和愚蠢的方法中却有着最聪明的内核。

曾经有一个哲人说过这样一句话：

"只有最愚蠢的老鼠，才会藏在猫的耳朵里，但是，只有最聪明的猫，才会想到搜寻自己的耳朵。"

的确，只有最愚蠢的老鼠，才会藏到死敌猫的耳朵中，想想，万一被猫发现连逃跑的机会都没有。

但是，不得不承认最危险的地方也是最安全的地方，况且，猫怎么会想到老鼠会大胆到敢藏进离自己嘴巴只有几寸远的耳朵中呢？

第50页答案：每打有12枚，不会因为面值的变化而变化。

第三章　打开思维的方式

除了最聪明的猫之外,一般的猫可能不会去耳朵里找食物哦。

小朋友在思考问题的时候,不妨学学上面那只最愚蠢的小老鼠吧,这种出其不意的创新思维方法非常刺激,有些看起来笨笨的方法其实是最管用的,那些聪明的想法只会挡住直接思考的视线。

"聪明反被聪明误"说的就是这个道理。

喂什么

问小朋友这个问题,尽管非常简单,却很少有人能答出来:

一个农夫买了一头牛,这头牛有两只耳朵、四条腿,还有一条尾巴,请问喂什么?

(注意:在问的过程中照着上面表述就行了,不要做过多的解释。)

 努力寻找任意两个事物之间的联系

世界上没有完全相同的两片树叶，但是，世界上任何两种事物之间都存在联系。

小朋友可以通过两个事物之间存在的联系，来锻炼自己的创新思维能力。

下面是一些事物的名称，请试着找出任意两个事物之间的联系：

白杨、火箭、爵士乐、奶牛、汽车、军队、铅笔、可口可乐、篮球、打火机、鲨鱼、课本、苹果、玫瑰、高锰酸钾。

小朋友，你能说出上面任意两种事物之间有什么联系吗？

上面一共有15个词，如果任意两个都要说出一种关联的话，至少能说出15×14×13×…×3×2×1÷2种联系，算一下看看，数目够吓人的吧。

我们就用可口可乐与其他14个事物联系一次吧：

（1）白杨需要可口可乐才能成长，这是一个奢侈的人种植了一棵意义非凡的树；

（2）火箭的外形与可口可乐的饮料瓶子非常相似；

（3）可口可乐的广告音乐是一首非常有名的爵士乐；

（4）奶牛不小心打翻了一杯可口可乐；

（5）乘坐汽车的乘客都喜欢喝可口可乐；

第53页答案：当然是喂草了。大多数人都会将"喂什么"听成"为什么"，当然就很难答出来了。

第三章 打开思维的方式

（6）一部分军队正在运送大量的可口可乐；

（7）用买三只铅笔的价钱就可以买一瓶可口可乐；

（8）飞人乔丹打完篮球之后总要喝可口可乐；

（9）这个人左手拿着打火机，右手拎了一瓶可口可乐；

（10）鲨鱼喜欢在可口可乐中游来游去；

（11）课本中讲述了可口可乐公司的发展史；

……

苹果和可口可乐你更喜欢哪一个呢？

一位美女在玫瑰丛中为可口可乐公司代言拍广告，高锰酸钾和可口可乐的颜色比较像。

像上面的联系，小朋友能想到吗？

还有其他的事物，你也可以找一下试试看，无限联想的方法能极大地提升小朋友的创新思维能力，小朋友可以在平时多多练习哦。

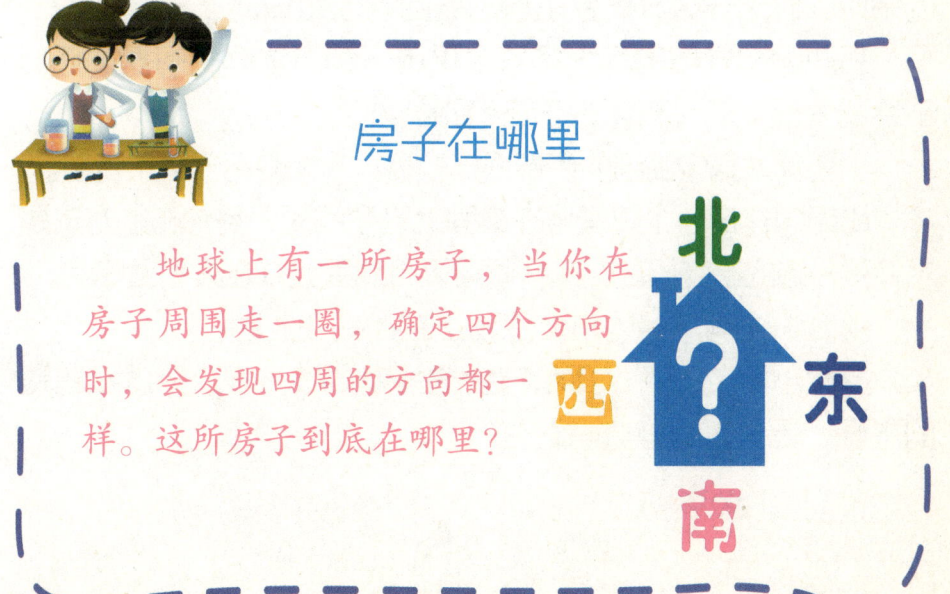

房子在哪里

地球上有一所房子，当你在房子周围走一圈，确定四个方向时，会发现四周的方向都一样。这所房子到底在哪里？

CQ 创意

 **永远不要只想出一种方法解决问题**

小朋友在做算术题的时候，是不是只要用一种方法得出答案就算完事了呢？

这里需要告诉小朋友一点，就是永远不要只想出一种方法来解决问题。

如果我们只想到一种方法，这一种方法就没有比较的对象。

事实上，只用这一种方法来解决问题往往不是最好的，由于只想出一种方法，大脑缺乏拓展的余地，时间一久，就会阻碍思维的创新意识。

那些因循守旧的人大多只会采用一种方法解决问题，他们不愿或者根本就没有意识到还有别的办法。

小朋友大脑中受到的条条框框较少，非常有利于思维创新。

比如怎样把一个鸡蛋竖在桌面上这个问题，哥伦布的方法是将鸡蛋一端的蛋壳磕破，这样就可以将鸡蛋竖立在桌子上了。

那么，还有其他的方法使鸡蛋立在桌子上吗？

提醒小朋友一下：哥伦布会把蛋壳弄破，难道你就没有别的更奇、更有效的办法吗？

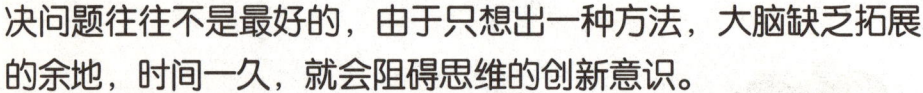

第55页答案：北极或者南极。

第三章 打开思维的方式

（1）用胶水将鸡蛋沾在桌子上。
（2）用一根绳子结网套住鸡蛋。
（3）让鸡蛋高速旋转如螺旋状。
（4）把桌子翻转过来，将鸡蛋塞在地板和桌子之间。
（5）在桌面上弄一个坑。
（6）用手扶着鸡蛋（没有表明不能用手扶）。
（7）用一堆鸡蛋靠着一个鸡蛋。
（8）将熟鸡蛋剥皮。

这些方法够小朋友选择的吧？

小朋友自己继续联想吧！

通过上面的提示我们可以看出：

每一个问题其实都有许多不同的解决方法，只要你发挥自己的想象力，多用大脑，时间久了，凡是遇到的问题你能会很快地想出很多办法，并以最快的速度高效地解决问题。

摔不伤的人

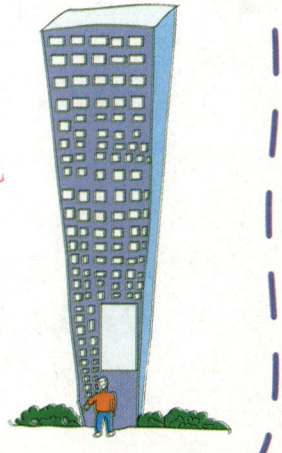

有一个人从20层大楼的窗户往地面跳了下去，虽然地面没有任何铺垫物，可是他落地后却没有摔伤，这是怎么回事呢？

 "具体—抽象—创新"链条

具体的事物一般会拥有丰富的属性,并且与我们的生活非常贴近。

而抽象的事物涵盖范围较为广阔,但属性相对集中减少。

比如笔记本电脑与电脑两者就是具体和抽象的关系,一提起笔记本电脑,我们大脑中就会显现出它的样子。

但是,如果说电脑,就有可能是笔记本电脑、掌上电脑以及各式各样的台式配置电脑,这些电脑可能是黑色的外壳,也可能是银白色、灰色,显示器可能是液晶屏幕,也可能是状如电视的传统型。

小朋友需要从众多的电脑类型和款式中,抽出"电脑"这一抽象的概念,在这个基础上实现创新。

比如:笔记本电脑是为了克服台式电脑携带不便的缺点。

但是,我们为什么不把电脑设计成其他的形状呢?

比如设计成衣服的形状,可以穿在身上;也可以想办法设

第57页答案:他是从一楼的窗口跳下去的,肯定没事。

计在一种特制的帽子里、鞋上等。由于电脑需要电才能工作，因此可以想办法在电脑上安装一种用太阳能、风能充电的电池，这样就不用受电的影响了。

这种"具体—抽象—创新"的思维创新链条法，可以拓展小朋友广阔的思维发散空间。

你可以任意想，将自己眼前的事物抽象成另一种全新的事物。

但是，小朋友在思维创新的过程中不要忘了，思维创新只是一个方面，最关键的，是要将自己的创新思维和想法付诸实践哦。

8根火柴

你能用8根火柴拼成2个正方形和4个三角形吗？

5 调整自己看待问题的角度

我们看待问题的角度通常可以分为乐观和悲观两个方面：悲观主义者喜欢把问题往不好的方面想，而乐观主义者则容易以乐观的心态看待问题。

比如两个小朋友考试都得了85分，乐观的小朋友就会说：

"哈，我得了85分呢，下次一定能考第一！"

而悲观的那个小朋友则会认为：

"唉，又是85分！每次都差第一名一些，看来我考不了第一了！"

这就是心态的作用，在乐观派的眼里，总是阳光明媚，莺歌燕舞，即使阴雨连绵也能感受到生命成长的诗意。

而在悲观者的心目中，什么都不顺心，感觉世界上所有倒霉的事情全让他一个人碰上了。

第59页答案：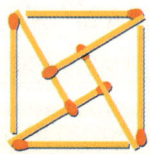

第三章　打开思维的方式

　　小朋友要乐观地看待身边的事物和人，要相信通过自己的努力和争取，肯定能在学期结束和爸爸妈妈一起轻松旅行。（因为爸爸妈妈开心的时候会带你去旅游，作为奖励哦！）

　　现在自己个子不高并不代表将来还是不高，况且世界上矮个子成就事业的人也不少，比如法国的拿破仑、德国的康德等。

　　在遇到挫折时，你要以乐观的心态去面对，并及时寻找失败的根源，亡羊补牢。

　　小朋友要学会扫除阻碍自己乐观的不良心态，这对你发现新的疑问和创新思维的培养非常有用。

反插裤兜

　　发挥一下想象，怎么才能把你的左手全部放入右边的裤兜里，而同时又能将右手整个伸入到左手的裤兜里？

 按照理想的榜样去做

小朋友可能有很多榜样吧，在学习上，邻居家成绩优异的二胖是你的目标和榜样。

在家里，爸爸是你的榜样，因为爸爸可以解决你遇到的所有问题，爸爸有很多好朋友，他们对你都特别好。

也许你喜欢刘德华的歌，你会学他唱歌时的神态，在唱其他歌星的歌时你也会将其改成刘德华的调子。

同样的道理，在理想上你也可以给自己找一个榜样，让榜样的力量来激励自己不断取得进步，以此来改正自己身上存在的许多缺点。

同时，为自己设定一个理想的目标非常重要，如果你不断地朝着这个目标努力，你也会变得越来越"理想"。

有位学者设计了以下练习，有助于小朋友达到目标。

（1）具体地想象一下你想成为什么样的人，包括他的高度、重量、面部表情、身材衣着以及你认为他最帅的动作等。比如科菲·安南、贝克汉姆、迈克尔·乔丹等。

（2）将你的理想形象与你的自我理想形象相比较，并用"理想的榜样"来调整你的自我理想形象。

（3）现在，你需要塑造一下

第61页答案：把裤子前后反穿。

第三章 打开思维的方式

你认为理想的人物。千万要记住你是可塑的，对自己要有信心，通过培养和塑造，你可以成为你想成为的任何人。

（4）想象你的理想人物，他非常健康，并且活力四射，因此你也应该像他那样，朝气蓬勃。

（5）想象你的理想人物工作时的态度，想象一下自己将来想成为什么样的人，是做一名人民教师呢，还是做公司老板，想象你做这个职业的各项工作，并体验一下在这种理想中学习的感觉，并且将学习当做是在为未来而工作。

（6）想象你的理想人物的工作，并渴望获得和他一样的经验、学识和头脑。学做像他这样的人，把他作为你学习和生活的好榜样。

小朋友只需要试试上面的方法，行动起来按照理想的榜样去做，并不断自我鼓励，想象你和榜样一样非常出色。

这样，你就能够充满信心地去行动，理想榜样的作用会在思想和行动上得到双重体现。

燃香计时

有两根粗细不均匀分布的香，香烧完的时间是一个小时，你能用什么方法确定一段15分钟的时间呢？

 CQ 创意

做自己情绪的主人

情绪是一种情感，是影响思维的重要因素，它能使我们对当前的事物产生一定的偏差。

当一个人情绪不好的时候，他总是看什么东西都不顺眼，对身边的一切都会产生抵触情绪。

如果你心情很烦，觉得做什么事都没有激情，你会感觉家里很沉闷，桌椅摆放不整齐。

如果正好有个朋友来看你时，他说："你这双鞋真好看！"本来这是一句好话，但你会觉得他是在恭维你。

如果他对你说："别生气了，我们一起去放风筝吧。"你会觉得他没有体会你的心情，专拿高兴的事来奚落你。

在这种你正在生气的情况下，你就处于一种对抗性的非理性情绪之中，这样，你会对外界做相反的情绪反应。

当然，别人的言语你也会从最坏的方面去想，从而失去了正确判定事物和控制情绪的能力。

第63页答案：首先两根一起烧，但一根两边同时烧，另一根只烧一边。两边同时烧的那根烧完是半小时，这时候把一边烧的那根再两边同时烧，烧完时间就是15分钟。

第三章　打开思维的方式

在这样的情况下，小朋友最好保持沉默，采用凝视远方、数数等方法来强迫自己情绪平静下来，或者专心听自己心跳的频率和速度。

对于你眼前的一切，往最好的方面想，去发现其优点，给对方找理由并告诫自己千万别发怒。

最后要告诫小朋友的一点，就是千万千万不要在这个时候做出判断。

巧变字形

语文老师上课时出了一道有趣的题目，要求大家将下面16个方格中的每个"二"字各加上两笔，使其变成16个不同的字。你也试试吧！

二	二	二	二
二	二	二	二
二	二	二	二
二	二	二	二

CQ 创意

有计划地去创新实践

有了不错的创意就应该拿出来大胆实践，只有实践过的创意才能发挥其真正的价值。

在实践的过程中，小朋友首先要重视的就是实践步骤，不同的顺序和实践方法最终得出的结果是完全不同的。

因此，有计划地去实践就显得非常重要。

现在给你举个例子吧：

在一次创新讨论会上，讲师拿出了一个广口瓶放在桌子上，他将拳头大小的石头一个一个往瓶子里装，直到最后实在是塞不进去时，他问大家：

"这个瓶子是不是放满了呢？"，大家都回答说："是。"

讲师没有说话，他从讲桌下拿出一桶小石子，然后慢慢地

第65页答案：

夫	井	开	王
丰	毛	牛	手
天	午	五	元
云	月	仁	无

66 培养未来的孩子

倒进瓶子摇了摇，这些小石子都纷纷跑到了空隙里，讲师这时问大家，大家都不敢大意了，说："不一定满吧。"

讲师说："很好。"他从讲桌下拿出一小桶沙倒进瓶子里，沙子纷纷填满了剩余的所有孔隙，讲师再一次对大家说："大家看看这次满了吗？"

大家异口同声地说："满了，这次一定是满了！"

讲师微笑着没有说话，又拿出一瓶水倒进瓶子里，台下顿时鸦雀无声，讲师打破了沉默说：

"我这样做，是要告诉你们，做事的先后顺序对最终的结果会产生很大的影响，如果我没有先放下那些大石块，结果还能放进那些小石子、沙子和水吗？产生这样结果的关键在于次序。"

小朋友在进行实践的过程中，一定要注意次序的重要性，有计划地去实践才能取得最佳的效果。

连点的方法

如图，一笔画出4根直线把9个点连接起来。你能做到吗？

9 不要老拿是非作为判断问题的标准

小朋友从小就接受来自父母的判断标准，看到某个人的样子和做事的方法，我们很轻易就可判断他是好人还是坏人，这样就形成了以下的标准：

凡是警察都是好人，凡是小偷都是坏蛋，那些捣乱秩序的人也是坏蛋。

同样，小朋友做一些事情的时候，也不可避免地用对与错来形容，比如你不小心弄坏了家里的电视，你会认为这是你的错，而不管你是不是无意或者不小心。

这样评判的后果只能使小朋友倦于去思考这背后是否隐藏着新的发现。

因此，小朋友要学着跳出这个是非标准的范围去思考问题。

小朋友在面对问题的时候，要先摘掉自己评判问题"对与错"、"好与坏"的有色眼镜，站在旁观者的角度去理解事情的整个经过。

这非常有利于小朋友去发现乐趣，激发思维创新。

第67页答案：

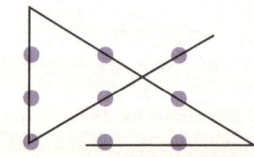

第三章 打开思维的方式

谁流汗多

两只狗赛跑,甲狗跑得快,乙狗跑得慢,跑到终点时,哪只狗流汗多?

 列出事物的缺点和希望点

任何事物都有其自身所不能克服的缺点，我们在使用该物体的时候，总会叹息说：

"如果这能变成我所想要的样子就好了。"

其实，假如你已经想到了它的缺点会影响你的使用，你又期望它变成你所想要的样子，那么为什么不列出该事物的缺点和你希望它能达到的样子呢？

只要你这样想了，创新的思维就会油然而生，这种创新的意识就会驱动你改造甚至发明出新的东西。

这样的例子实在是不胜枚举：

据说原来的铅笔和橡皮是分开的，后来就是由于使用不方便才创新出带橡皮的铅笔。

原来的相机要用胶卷，不仅代价高，而且需要很专业的

第69页答案：都不流汗。因为狗的皮肤汗腺不发达，所以即使是在大热天或运动之后，也不会出汗。狗经常伸出舌头喘气，让体内部分水分由喉咙和舌面排出，这是狗散发体内热量的一种方式。

技术才能照出好相片，后来发明了数码相机，则克服了这些缺点。

我国四大发明之一的造纸术就是因为竹简携带不方便，而帛又太贵重，记录和翻阅都不方便才发明出来的。

小朋友可以试着找一件你熟悉的物体拿来分析其优、缺点，你先要选定一个目标作为分析对象，比如钢笔、双肩书包等，列出你所认为的缺点，并将希望点一并列出来，然后将你列出的所有点分组，从中选择出关键的几点，针对缺点和希望点，分别找出克服缺点和实现希望点的方法，最后将自己的想法付诸实践，并在实践中不断改进。

黑夜看报

在漆黑的夜里，有一个人在房间里看报纸，这时，突然停电了，屋里伸手不见五指。但那个人仍能继续读，一点儿也不受影响。这到底是怎么回事呢？

99 要抓住事物的特点

发现两个事物之间的区别，能让你发现原本没有注意的细节因素，这是寻找事物特点的一般办法。

发现事物特点的能力，能用来解决一些争执性的问题，如果争执的双方所关注的焦点并不完全相同，在这样的情况下，问题的解决就需要利用调解和妥协的办法。

下面是一组事物，根据你的理解，写出它们各自最显著的特点：

水杯、火车、楼房、大海、圆珠笔、足球、电灯、火花塞。

小朋友感觉怎么样？能顺利地说出它们各自的特点吗？

由于每一种事物与其他事物的不同点太多了，因此，小朋友可以有自己的观点，不要忘了，创新思维是最讨厌标准答案的哦。

将以上事物自己所认为的特点写在后面的括号中：

水杯（　）、火车（　）、楼房（　）

第71页答案：因为他是个盲人，在读盲人报纸。

第三章 打开思维的方式

大海（　）、圆珠笔（　）
足球（　）、电灯（　）、火花塞（　）

小朋友在学习和生活中，要多锻炼自己观察事物本质特征的能力，只有这样，你才能有效地记住这些事物。

比如只有你记住了火花塞是状如瓶塞，用在机动车上，通电起火用来发动引擎的装置，以后再见到就很容易和其他东西区分开来。

世界上任何事物都有其区别于其他事物的特性，我们不可能将它们都一一搞清楚，只有抓住它们各自的特点和本质，才能扩散思维，激发联想和创新。

奇怪的数字

仔细观察下列数字，找出什么数减去一半等于零？

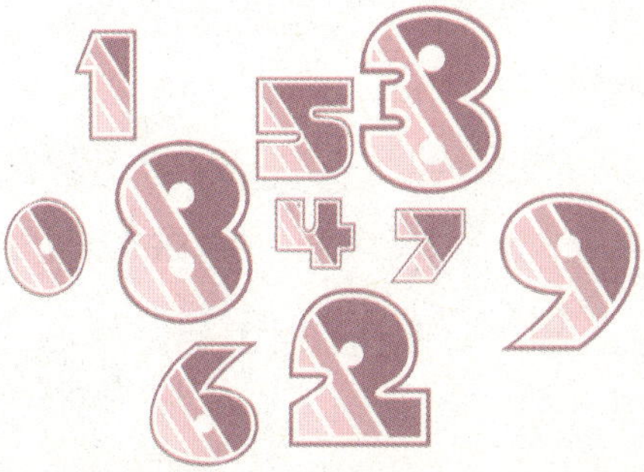

CQ 创意

 试着让自己扮演不同的角色

你见过一个演员在同一部影视作品中扮演不同的角色吗?

一般都是父子、母女这样的角色才让同一个演员扮演,但是这里要小朋友扮演的却和这些不同哦。

比如让你回答这样一个问题:"珍珠是什么?"

你会怎样回答呢?

(1)这个问题在那些爱美的女人眼里,珍珠就是串在一起,戴在身体某个部位象征身份的装饰品。

(2)在珠宝商眼里,珍珠就是能给自己带来良好效益的商品。

(3)在化学家眼里,珍珠是一种带有胶质的磷酸盐和磷酸钙相混合的物质。

(4)在生物学家眼里,珍珠是由珍珠贝所产生的分泌物。

(5)而在古代诗人的眼中,珍珠就是美人的眼泪……

关于珍珠的这些不同角色的思考方式,你能想到吗?

第73页答案:8(上下一半)

第三章　打开思维的方式

小朋友在看待某一事物的时候,需要从不同的角度去认识它,这样才能发现平常人所没有看到的地方。

小朋友可以试试看,让自己扮演不同的角色去认识下面的事物,将自己所认识的事物描述一下写下来。

感觉怎样呢?是不是有种看透事物本质的眼光了?

小朋友在以后观察事物的时候,最好用一下上面的方法。思考问题时也要这样,才能启发你的创新意识。

羊吃白菜

如果3只山羊在6分钟内能吃掉3棵大白菜,那么一只半山羊吃掉一棵半白菜需要多长时间?

第四章

创新思维的能力

第四章 创新思维的能力

 激发思维灵感的一些好点子

你喜欢读哪一类的故事书呢？

相信你一定是一个喜欢阅读的好孩子，你在阅读这些故事的时候，有没有产生下面所列举的想法呢？

比如"假如我能写出这样精彩的故事该有多好啊！"

或者"如果让我写，我会……"

如果你这样想过，为什么不动手去试试呢？

下面我们就告诉你一个既能满足你的愿望又能提高你思维能力的一些好点子。

小朋友可以自己编写一些简短的小故事来激发灵感，这种训练方法可以激发你产生一些新的想法。

首先，你需要选择一个问题作为根据来编故事，比如你选择龟兔赛跑这个有趣的小故事，在编写故事的时候你尽量无限制地发挥自己的想象力。

其次，你需要做的就是列出这个小故事的主要情节。

注意你需要让这些情节来表达出你的想法，你希望这次乌龟又一次赢了兔子，因为在你的心目中，乌龟是一个很老实的"孩子"。

第75页答案：9分钟。一只山羊吃掉一棵白菜需要6分钟，所以，吃掉一棵半白菜需要9分钟。半只山羊是不会吃东西的。

同样，你也可以让聪明的猴子担任裁判，并且森林王国中所有动物都来加油了等。

接下来就是将你的所有想法都编进故事中，你可以设置悬念，也可以使情节出现转折，这都是你创造力和灵感的体现哦。

除了编故事的方法，还有集体讨论的方法。

这种方法就是确定一个主题，或是解决一个问题，你可以将自己的好朋友全召集在一起，然后大家尽力想象，并将这些点子都记下来。

最后，你会发现，这些点子在无形中激发了你的灵感，你的创意便绵绵不断地涌现出来了。

切正方形

一个正方形的桌面是4个角，切去一个角，还剩几个角？

不要过于轻率地以为这是一个简单的减法，仔细想一想，会有什么结果呢？

（提示：有三种切法。）

第四章　创新思维的能力

 独立解决问题

小朋友独立解决过所有的问题吗？

很多小朋友遇到问题的时候不加以思考，或者突然思考中途就放弃，或者叫父母和老师帮忙解决，这是很不好的习惯哦！

因为这使你失去了自己独立解决问题的机会，独立解决问题是成长的必要前提，所以小朋友遇到问题的时候，一定要亲自解决，不要急于向父母或老师提问或求助。

因为父母和老师不可能时刻在你身边，而且自己独立解决问题不但能从中找到乐趣，还能满足自己的成就感。

此外，小朋友还能养成自己独立解决问题的好习惯，所以学会自己独立解决问题是很必要的。

小朋友一定要想尽一切办法解决所遇到的问题，一定要到实在没有办法的时候找父母和老师解决。

第78页问答案：一个正方形切去一个角，有3种切法，会出现3种情况：
①切去一个角，得到5个角；
②切线通过另一个角，得到4个角；
③切线通过另外两个角，只剩3个角。

其实，不仅仅是在学习上，生活上也要学会独立，比如：

（1）要学会做家务。

（2）每星期亲自给父母做一顿饭。

（3）衣服要自己洗。

……

小朋友们，已经学会自己独立解决问题的要继续努力，还没学会自己独立解决问题的要加油了哦。

因为你长大后任何问题都可能碰到，所以，独立解决问题应该从小就锻炼。

读书计划

一个学生制订了一个读书计划：一天读20页书。但第3天因病没读，其他日子都按计划完成了，问第6天他读了多少页？

第四章 创新思维的能力

 **在兴趣消失前动手**

你看见电视中的主人公写一手非常漂亮的书法，于是你就想和他一样，渴望泼墨下笔后的潇洒，但是，家里没有毛笔和墨汁，在这样的情况下，你会选择下面哪种处理方式呢？

（1）到处翻找这些东西，直至消磨自己瞬间产生的兴趣。

（2）赶紧去商店买练书法需要的东西，然后就迫不及待地练习起来。

如果你是一个积极探索、勇于创新的小朋友，相信你会毫不迟疑地选择第二种解决方法。

这种方法可以很好地延续你的兴趣，只要你坚持下去，说不定这种偶然的兴趣，就会影响你的一生。

小朋友在发现自己一瞬间对某事、某人产生了兴趣时，你需要做的就是立刻将自己的兴趣以一种实际可行的行动表现出来，因为兴趣可能只坚持一会儿，如果你没有想办法巩固它，也许兴趣会因你的懒惰而消失。

如果你想画画，那就立刻买彩笔、画本动手去画你心中要

第80页问答案：按照计划，第6天读了20页。

CQ 创意

表达的事物；

假如你想踢球，现在就去操场加入他们的行列，千万别说"我没有球衣，没有足球，没有……"

也许等到你将这些东西都准备齐全了，却发现自己已经没有了踢球的兴趣。

小朋友，你需要做的，就是要在兴趣消失之前动手。

过桥洞

一辆满载货物的汽车要通过一个立交桥的桥洞，但是汽车顶部比桥高1厘米，怎么也过不去。你能想出让这辆汽车顺利过桥的办法吗？

第四章 创新思维的能力

4 以另一个角度观察事物

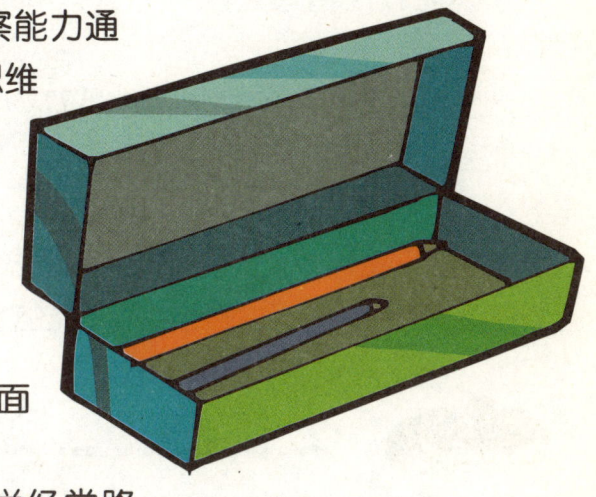

我们的思维和观察能力通常都具有相对固定的思维定势，这种思维定势限制了我们全面认识事物的机会，也就是说，我们通常的思索只是在原地兜圈子，没有跳出这个圈子全面地进行思考。

你也许对自己上学经常路过的街道非常熟悉，直到有一天你突然站在远处眺望，才发现你熟悉的街道原来是另外一种布局。

在你的印象中，所有的铅笔盒都是用塑料或者铁皮制成的，突然有一天你发现竟然有一种用植物的蔓编织成的铅笔盒。

以上这些现象都是习惯思维所造成的。

小朋友需要学会从另一个角度看待问题，这能引发你的创新思维的开启和进步。

如果你倒着看草坪，将会是什么样子呢？

第82页答案：只要给轮胎放气，让汽车的高度降低1厘米，就可以安全通过桥洞了。

CQ 创意

我们经常从正面看家里的电话号码排布，但是如果将电话号码倒过来你将会看到什么不同呢？

你在水中看岸上的人和平时一样吗？

你闭上眼走盲道会产生什么样的感觉呢？

这些都需要小朋友平时细心观察。

你会发现，换一个角度观察会带来意想不到的感觉，它可能在一瞬间触发你的灵感，让你的大脑不断地进行创新思维，从而获得全新的创造性灵感，碰撞出创新思维的火花。

互看脸部

两个人，一个面向南一个面向北站立着，不允许回头，不允许走动，也不允许照镜子，她们怎样才能看到对方的脸？

第四章 创新思维的能力

 参加右脑体操锻炼

人的右脑控制身体左侧器官活动，我们大多数都习惯用身体右侧器官活动，这实际上是锻炼了左脑。

但是右脑决定想象力、灵感等比较感性的思维活动，而左脑主要控制人的逻辑推理思维能力。

我们的创造力和灵感受到右脑的控制，因此，小朋友在平时就要注意锻炼右脑。

左撇子往往比较聪明，并且具有相当好的创造性思维，这就是他们右脑思维灵活的缘故。

小朋友需要参加右脑体操锻炼，这种体操没有一定的模式和套路，只要是能锻炼身体左侧器官灵活度的活动，都可称为右脑体操锻炼，比如：

（1）你可以尝试用左手写字，吃饭时左手拿筷子。

（2）在外出游玩的时候，注意多使用左眼，比如用左眼拍照片。

（3）打、接电话的时候用左耳听声音。

（4）打篮球的时候多用左手传接球和完成上篮动作等。

第84页答案："一个面向南一个面向北站立着"，如果你认为两个人是背对背站立，那就得不到答案了。两个人面对面站立的人，也同样可以一个面向南，一个面向北站立啊。

CQ 创意

上面这些方法都可以锻炼右脑的思维能力。

另外，小朋友还可以练习打字、珠算、弹钢琴等这些与手指关系密切的锻炼活动，都能刺激大脑的思维，同时协调双手之间的协作性，而且都可以起到活化大脑的作用。

另外，小朋友可以用左脚着地独立，这样能促进右脑血液循环，有利于身体健康。

总之，只要你经常注意这些方面的训练，相信你的右脑思维会很快得到提升。

一笔画

下面3个图，你能一笔画出的有几个？

第四章 创新思维的能力

正处于儿童阶段的你可能最喜欢提问吧？

对于那些常见的事情总想问个"为什么"，对小朋友来说，这是一个非常好的现象，因为能够对每一种事物提出问题，就说明你发现了这些事物中特别的地方，这也是创立新事物、建立新概念的开端，也是创新思维最基本的表现之一。

下面的情况，小朋友产生过疑问吗？

（1）我是怎么来的呢？为什么我不能一下子就长得很高大呢？

（2）为什么人要吃饭、睡觉？人为什么会生各式各样的怪病？

（3）哭泣的时候为什么会流眼泪？

（4）电视机为什么会产生图像和声音？可以拿别的东西代替电能（比如干电池）让它工作吗？

（5）太阳和月亮为什么不同时出现呢？白天和黑夜是不是有人专门控制着呢？

……

诸如此类的问题，都能引起小朋友的质疑和兴趣，在小朋友的大脑中，这些事物、现象本身就是新奇的，这些新奇的问题总能激发小朋友的创新意识。

第86页答案：最多只能一个，因为你画出第一个图后，就必须再拿起笔才能画第二个！

CQ 创意

小朋友也可以对自己生活中的习惯产生疑问，并试着对这些有趣的问题进行解答，一直问下去直到完全弄懂了为止。

比如为什么我要读《小王子》这本书呢？

因为我喜欢里面的故事情节和那些有趣的插图；

为什么我会喜欢这些呢？因为它的想法就是我的观点和看法；

为什么会产生这样的结果呢？

因为我能看懂书的内容和结果……

以此类推，直到最后实在问不出为什么为止。

这种质疑的思维本身就是一种创新的过程，小朋友需要多进行这类质疑的思维活动，才能逐渐提高自己的创新思维能力。

猜 时 间

右图是小叶在镜子里看到的钟表，上面显示的时间是9：35。你知道实际上钟表的时间是多少吗？

第四章 创新思维的能力

 **横向思维好处多**

横向思维，就是要从不同的角度思考问题，然后再确定并找出最佳解决方案的一种思维方法。

下面的故事，很好地验证了横向思维的作用：

一个人想要挖一口井，可是他费了很大的精力，挖了半天，井已经挖得很深了，还是没有水。

这个人想：快了，马上就能见到水了，只要我坚持下去，肯定就会有水！

于是他坚持不懈地一直挖下去，直到最后丧失掉所有的信心。

同样，如有一个人挖井，他想：为什么老要在这个地方挖下去呢？

不行，我还是重新换一个地方再挖吧。

对于横向思维的人来说，他学会了思维变通，不死守着一个地方不放。

这样就节省了许多精力和时间，提高了做事的效率。

横向思维对小朋友的学习和生活都有很大的影响，它可以让你学会放弃一贯的传统做法，想办法去从其他角度去思考、解决问题。

小朋友都知道司马光砸缸救朋友的故事吧。

第88页答案：2：25。你可以找个镜子，从镜子里看这个钟表的图片，就知道它的实际时间了。

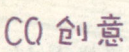

CQ 创意

在最紧急的关头,司马光不是想着跑去找大人帮忙,也不是找其他辅助物将小孩从缸里拉出来,而是采用砸缸这种别人想不到的好办法救出伙伴,这就是典型的横向思维方法。

小朋友在遇到实际问题需要解决的时候,首先就是要跳出传统的框框,这样既能开发小朋友的创新思维潜能;又能锻炼思考问题的角度,培养小朋友的创造性。

艰难的任务

毛毛虫的妈妈交给毛毛虫一个艰难的任务:从一张纸的一面爬到另一面去。毛毛虫想:每一张纸都有两个面和一条封闭曲线的棱,如果由这个面爬到另一个面必须要通过这条没有任何支点的棱,想要通过这条棱,即使我这样的身躯也会有"坠崖"的危险。看来不能硬闯,要有技巧才行。

亲爱的小朋友,你知道毛毛虫想了一个什么技巧吗?

第四章 创新思维的能力

锻炼自己的逆向思维能力

逆向思维是一种非常重要的创造性思维，逆向思维就是逆着原本的思维活动。

下面的一些小游戏可以锻炼小朋友的逆向思维能力：

（1）找一个合作者，你们可以相互进行游戏，这个人最好是妈妈、同学或好朋友。

你们要做的就是反着对方的命令进行活动。

比如对方说："向左转"，你必须向右转；

对方要求"举左手"，你马上举起右手，对方要你起立，你要马上坐下来；

如果你做错了一次，那就互换角色，最后统计看谁做对的次数多谁为胜。

（2）可以对着镜子做一些练习活动，比如对着镜子里钟表的时间来判断现在的时间，对着镜子转动自己的眼珠等。

要注意镜子里的物像和真实的物体是相反的。

小朋友不妨经常试试从逆向思维的角度思考问题：

（1）如果遇到了烦心的事情，你要想着获得考试第一名时的好心情。

（2）这样你的心情很快就会转变过来了。

（3）你可以倒着走路，可以从最后一页开始看书。

第90页答案：把纸的一端稍微卷起来紧挨着纸的一面，这样毛毛虫就能顺利地从纸的一面爬到另一面去。当然，完成这个任务毛毛虫需要请求别人的帮助。

（4）考试的时候，也不妨试试从最后一道题开始倒着做。

（5）老师说过这道题只能用切割法才能解开，你可以试试用补图法解答一下。

上面这些都是有关锻炼逆向思维的方法，小朋友可以在自己的生活和学习实践中经常练习。

哪个是另类

下列5个字母中哪一个是另类，最不像其他4个字母？

第四章 创新思维的能力

 发掘直觉背后的东西

小朋友知道什么是直觉吗？

直觉就是那些你大脑中的一种无形反射行为。

比如你在考试的时候，有一道选择题你不会做，但是凭第一感觉你认为选项A是正确的，这就是直觉。

在现实生活中直觉几乎无处不在，只是由于我们太过于相信推理运算而将其忽略了。

小朋友需要发掘自己的直觉及潜能，让其发挥应有的作用。

如果你大脑中突然溜进了一个与当前情形无关的想法，这就是直觉，你需要做的是立刻将其记录下来，在参观博物馆的时候，你看到眼前的情形，突然无意识中你感觉这种同类的情景好像在哪见过，这也是直觉，你需要做的是立即排除干扰，仔细想想自己到底什么时候、在一种什么样的情形中见过相同的场面，直到你完全将现实和直觉弄明白为止。

直觉来得突然、消失迅速，因此，小朋友在发掘直觉背后的秘密时，要尽快拿出一个本子，将直觉的内容记录下来。

同时，更需要小朋友自己动手动脑，仔细思索直觉所传达出来的隐藏意义，这样就能提高小朋友的创新思维能力。

第92页答案：（4）是另类，因为N字母有斜线，其他的没有斜线。

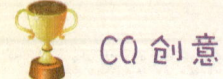 CQ 创意

什么骗了你

下面几组图形中，或许你的眼睛"欺骗"了你，使你产生了错觉，请你通过直觉判断后再用尺子量一量。

① 两个正方形哪一个大？

② 两条对角线哪一条长？

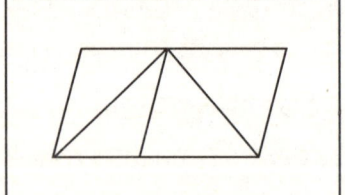

第四章 创新思维的能力

 提高思维敏捷度

提高大脑的反应速度对小朋友来说是很重要的，如果跟不上其他人的思维反应速度，在游戏和竞技性活动中就会吃亏。

参加每门课考试的时间总是一定的，如果你的思维不够敏捷，反应速度很慢，那么在规定的时间内你就不可能做完所有的试卷，这样肯定会影响你的考试成绩。

小朋友需要在平时锻炼自己的思维，以此提高思维敏捷度。

玩脑筋急转弯游戏是提高小朋友思维敏捷度的最好方法之一，因为脑筋急转弯游戏都是需要从一个新的角度思考问题的。

小朋友如果不知道游戏的答案，可以参照参考答案进行反向思考。

当然，你要记住，不一定任何问题都只有一个答案哦。

参加体育锻炼，短跑、接力赛、足球等都可提高小朋友的

第94页答案：①大小相等。②长短相等。

CQ 创意

反应速度,锻炼大脑的敏捷度。

玩电子游戏在大多数家长的眼中是不利于小朋友学习的,但这只是对那些毫无自我控制能力的"笨小子"说的。

对于你,肯定只是将其作为一种放松大脑的游戏而已,因此,你可以抽出一些时间玩一玩。

参加辩论赛,找几个同学一起模拟一场辩论赛,你可以引经据典,力争在对手驳倒你之前,在第一时间内想办法驳倒对手。

另外,还有其他一些方法,像学溜冰、骑自行车等,都可以提高小朋友的思维敏捷度。

只要你在平时经常进行一些锻炼,你的创新思维就能获得一定程度的提高。

10人排队

10个人要站成5排,每排要有4个人,怎么站呢?

第四章 创新思维的能力

99 为标新立异鼓掌

标新立异在绝大多数人眼中都是不对的，但是，在创新思维的底盘里，我们支持标新立异，并为这种大胆的做法鼓掌。

小朋友按照自己的想法创造出一些稀奇古怪的形象，这都是创新思维的表现，因为创新是无对错之分的。

你希望好朋友娅妮有一双大大的眼睛，因此你在给她画肖像画的时候，眼睛占据着面部的绝大部分。

你也可以画黑色的太阳、蓝色的树叶等，这些都是标新立异的表现。

也许这只是小朋友希望自己想的事物成为现在这个样子而已，但这的确是你思维创新的结果，因此你已经很了不起了哦！

你可以将苹果画成方形，因为你看到圆的苹果掉在地上摔破了。

第96页答案：站成五角星的形状，5个顶点和5个交叉点各站一个人。

CQ 创意

你在课堂上高高地举起小手,虽然你不会老师的提问,但你只是想证明自己敢举手,以此锻炼自己在大庭广众之下有胆量说出内心的想法……

这些看似不合常理的想法和行动,证明了你渴望创新和思考的内心冲动。

如果小朋友以前总认为家长、老师的话是绝对正确的,现在你需要想想,难道除了妈妈说的方法之外,再没有别的办法了吗?

小朋友要大胆地设想,将自己的想象投入实际应用中,这样,你才会拥有一个充满"怪点子"的头脑。

和值最大的直线

请在图中画一条线,使得直线所经过的格子里的数字和值最大。

8	1	6
3	5	7
4	9	2

第四章 创新思维的能力

插上想象和幻想的翅膀

小朋友喜欢读童话、寓言这类故事吗?

这些故事都有一个最大的特点,就是里面蕴藏着丰富的想象力。

其实这些故事除了让小朋友懂得一些做人的基本道理之外,还可以启发小朋友去想象,去思考。

小朋友需多多去想象,你可以无所顾忌地去想,因为在想象的世界中,你想的所有事物都合理,你可以想象如果地球突然间不转动了,世界将会怎么样?你也可以想象自己是一国之王,人们都非常尊重你,给你买好多玩具,你可以吃你想吃的任何东西。

当看到天上的大片白云,你可以想象,如果你站在白云上是不是非常舒心等,你可以想象自己以前从来没有想到过的,也可以想象你想要但是大人不给你买的东西……

另外,你可以对着一些具体的事物展开想象,比如你可以仰着头看天花板上的图案,专注于某一点仔细观察,将视线放大,同时展开联想。

这些幻想和想象的方法会极大地提高你的右脑思维,让小

第98页答案:

8	1	6
3	5	7
4	9	2

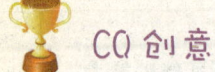
CQ 创意

朋友在幻想和想象中想出新点子。

　　经常这样想象，你的大脑中就会闪出无数的创意，甚至看到一种事物，马上就能联想到好多的新事物。

　　拥有如此的想象力，实在是太棒了！

列数字

　　下面3行数字中，每一组数字都有一个相同的规律。你能猜出这3组数字间有什么关系吗？

1、3、7、8
2、4、6
5、9

第五章

不要被创新思维束缚

CQ 创意

不妨胡思乱想

胡思乱想似乎历来都是女孩子的专利，但这里的"胡思乱想"是让所有的人都要有的习惯，因为胡思乱想不受大脑条条框框的束缚，是对大脑思维的一种放松和解放。

无序的思考方法不承认唯一的标准答案，它只关注最终问题的解决程度，而不在于解决问题的方法和方案。

有这样一个故事：

公元前333年冬天，希腊亚历山大大帝率军进入戈尔迪乌姆城。

该城的神庙中有一个著名的"戈尔迪乌姆绳结"，十分难解。

据当地流传的神谕说："谁能解开这个绳结，谁就能成为亚细亚之王。"

亚历山大大帝王费了好大的劲都没有把它解开，甚至连绳

第100页答案：数字的声调各不相同，第一组是平声，第二组是去声，第三组是上声。

第五章 不要被创新思维束缚

结的两端都没有找到。

最后,他拔出佩剑,把戈尔迪乌姆绳结砍开了。

小朋友从上面的故事中得到了什么启示呢?

并非所有的事情都需要按部就班、有条不紊地去完成,其实,许多事情都有其走向捷径的解决办法。

当我们面临新情况、新问题的时候,就不能按常理出牌。

你要相信自己肯定有好的新点子,复杂的只是事情的表面,这样,你就必须打破头脑中的各种规则,以胡思乱想的方法将自己的思维大门打开,就像上面故事中的亚历山大大帝砍开绳结一样。

6根火柴游戏

用6根火柴,拼成4个三角形。

 破除依循规则的惯性

小朋友们，你知道两点之间最短的距离是直线吧？

周末，东东和滴滴去逛公园。在公园里，他们打了一个赌，说看谁先到西门，后到的就奖励先到的一个冰激凌。

东东认为他是男孩子，一定能跑得过滴滴，所以他在公园的小路上跑着。

可是滴滴想到了书上看到的两点之间最短的距离是直线，就径直地跑着，她心里想着东东说的话："如果你先到，我给你买个冰激凌。"

她越想越开心，没想到前面遇上了一个湖，只好绕过去了。

滴滴已经汗流浃背了。她到的时候东东已经到了。

但是东东还是给她买

第103页答案：

第五章 不要被创新思维束缚

了一个冰激凌，滴滴告诉东东事情经过后，东东说："两点之间最短的距离是直线，但是我们要破除依循规则的惯性。因为那边有一个湖啊。"

滴滴很开心，她明白了破除依循规则是很重要的。

小朋友们，请用全新的思路审视你的思想：

（1）你可以打破哪些规则？

（2）你可以建立哪些新规则？

（3）你可以给你的想法取一个名字吗？

六角星变长方形

这是一个六角星，如果要把它拼成一个长方形，该怎么拼？

坚不可摧的自信

小朋友,你问过自己有没有自信吗?

成功学大师拿破仑·希尔说:"信心的力量是惊人的,相信自己,那么一切困难都将不会是困难。因为自信心是一种心理品质,是促使人向上奋进的内部动力,是一个人取得成功所必备的、重要的心理素质。"

马克·吐温曾说:"19世纪最值得一提的人物是拿破仑和海伦·凯勒,因为他们都是凭借自己的信心突破了生命的极限,创造了伟大的成就,获得了常人无法获得的成功。"

其实,海伦·凯勒在19个月大的时候,一场疾病使她变成了又瞎又聋的小哑巴。

在家庭教师的教导下,残疾的她不但学会了说话,学会了用打字机写稿,成为第一个受大学教育的聋哑人,并且以优异的成绩大学毕业。海伦·凯勒虽然是个盲人,但读过的书比视力正常的人还多,而且她还写了7本书,比正常人更有创造力。她的事迹在全世界引

第105页答案: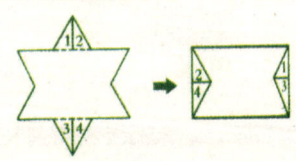

第五章　不要被创新思维束缚

起了震惊和赞赏，被称为"奇迹人"。

海伦·凯勒说得好："相信自己做得到，你就能做得到。"

所以说，自信是很重要的哦。如果缺乏自信心，缺乏上进的勇气，本来可能有十分的激情结果只剩下五六分甚至更少。长此以往，便会慢慢失去创新的欲望，成为一个被自卑感笼罩着的人，不但会延迟进步，甚至会自暴自弃，那是非常可怕的。

小朋友，赶紧培养你的自信心吧。加油喽！

剪出十字架

取一张正方形纸，用剪刀把纸剪成五块，然后做成一个十字架。想想该如何剪？

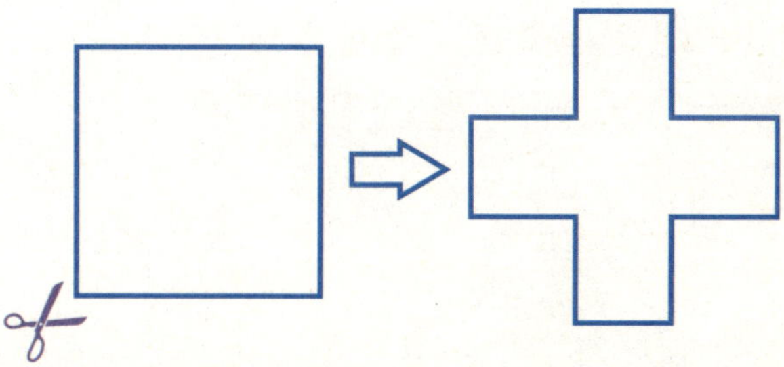

4 摆脱习惯

想要有创意,必须摆脱平常的一些习惯。

如果我们只按一种习惯做事情,结果无疑只能是一种。

如果我们养成了另一种习惯,我们就能创造出另外一种不同的结果。

如果你发现你以前不喜欢的衣服穿在别人身上很好看,你也试着穿了一下,一试果然很好看,你的生活就会变得很有创意哦。

有的小朋友看漫画就喜欢看图,而不喜欢看字,但是如果你试着去看字,说不定能看到图画中看不到的很有趣的东西哦。

请你尝试下面的生活方式,你的生活会因此而富有创意:

(1)早(或迟)一点上床休息。

(2)比平时走得稍微快(或慢)一些。

(3)收看一个平时你不看的电视节目。

第107页答案: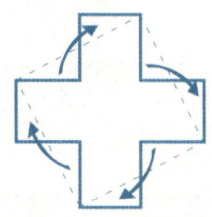

第五章 不要被创新思维束缚

（4）选择一本平时不爱读的书来读。
（5）改变头发的样式，将发线分到另一侧。
……

最后的弹孔

某地著名的富翁被枪杀了。他是站在房子的窗边时，被突然从窗外射来的子弹击中的。也许是凶手的枪法不准，打了4枪，最后一枪才命中。窗户的玻璃上留下4个弹孔。你知道最后一枪的弹孔是哪个吗？

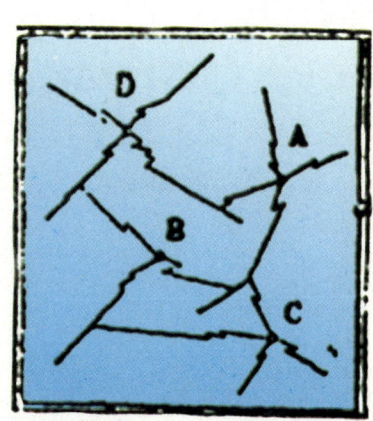

5 用整个身体表现情态

小朋友都应该是讲故事的好手。

在课外时间你可以把在书上看到的故事讲给别人听,因为讲故事能锻炼你的想象能力。

你可以在故事中根据喜好加上自己喜欢的人物和情节,你觉得怎么有趣就怎么讲,只要情节连续就行。

你在读童话书或者讲故事时,可以学古代人读书时摇头晃脑的样子,强调有趣的场景、悲伤的场景、发怒和难过的场景等,并适当地停下来体会这种场景下主人公的感觉。

如果你觉得某个故事非常有意思,你可以找几个好朋友或者召集家里人给他们分配角色,并试着用脸、手势或身体动作将这些角色的表情和感受表达出来。

这样的表情你一个人也可以在读书的时候做,但是你首先得找一个大镜子,你做表情的时候,就对着镜子做,这样,不仅能激发你的阅读兴趣,增强表演能力,还能集中你的注意力,提高阅读效率。

第109页答案:最后枪的弹孔是C。后发射的子弹,其裂纹在先发射的子弹裂纹处挡住停下。按顺序查一下就知道子弹发射的顺序是D、A、B、C。

第五章 不要被创新思维束缚

小朋友在阅读故事的时候,可以将自己设想成主人公。想想如果你是主人公,你会怎么做?

如果有些小故事最后给读者留下了悬念,那么你就可以给它加上多种你能想象到的结尾。

比 周 长

如图,大圆中有4个大小不同的小圆A、B、C、D,小圆两两外切,且4个小圆的圆心都在大圆的一条直径上,A圆和D圆与大圆外切。请问,4个小圆的周长之和与大圆的周长比较,哪个长?

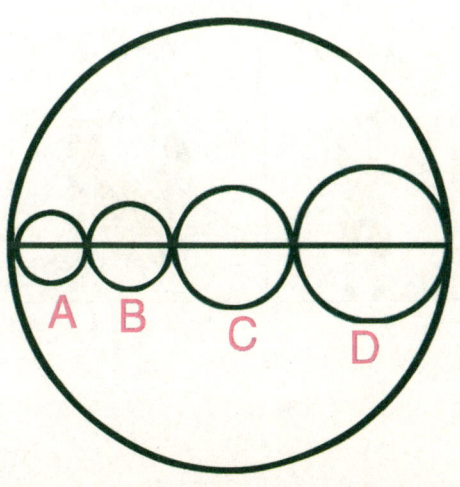

 CQ 创意

 怀疑是思考，思考便是进步

小朋友，你是不是喜欢多问个为什么呢？

你是不是喜欢质疑呢？

小朋友一定要养成喜欢提问的好习惯哦。

因为学习的过程不单单是一个接受的过程，还要不断地创新；而为了创新，那就必须多问个为什么。

怀疑是思考，思考便是进步。

如果你做一道习题，得到一个答案，你怀疑过这个答案吗？你确信它是正确的吗？

如果你多问个为什么，你就能确定你得到的答案是正确的。

第111页答案：一样长。圆的周长是直径与圆周率的乘积，而4个小圆的直径之和刚好等于大圆的直径，圆周率是一定的，所以两者当然相等。

第五章 不要被创新思维束缚

东东发现参考答案和自己的答案不一样,就苦思冥想,还是觉得自己的答案是对的。于是问了老师参考答案是不是错了。没想到参考答案真的是错的。那时东东可开心了。

狄德罗说:怀疑是走向哲学的第一步。小朋友们,那怀疑就是你们走向成功的第一步哦!

精神科医生来干啥

有一天,路路感冒了去看内科大夫,精神科医生却从里边拿着药出来了,这究竟是出什么问题了呢?

良性暗示好处多

暗示在我们的生活中无处不在。

一个非同寻常的眼神、一种不同往日的声音，一个手势、一种表情、一次身体接触等都是暗示。

对小朋友来说，学会正确接收这些暗示以及用暗示准确传达自己的真实意图很重要，暗示本身就是一种语言，它能在某些情况下起到比语言更好的效果，比如你用微笑的表情倾听别人的谈话，对方就知道了你在虚心听他的谈话内容。

当你在比赛场上听到自己的拉拉队疯狂地为你加油时，你就会充满激情地投入比赛。

如果你对某人的做法非常不满，你会嗤之以鼻或者双眼圆瞪甚至摩拳擦掌与其决斗，这时，对方就能通过你"示威"式的暗示体会到你愤怒的情绪。

小朋友在和别人交往的时候，要学会使用良性暗示，良性

第113页答案：医生也可能生病，精神科医生也可能去找内科医生看病啊！

第五章 不要被创新思维束缚

暗示能让双方都心情愉快且充满热情。

我们经常运用的良性暗示有微笑、调皮的表情和眼神以及欢呼、表扬和主动的握手等身体动作，这些都是传达自己愉快心情的好方法。

小朋友在学习过程中也要使用良性暗示，如果这次考试没有考出好成绩，你需要在内心深处鼓励自己，寻找失利的缘由，并时刻让自己保持积极、乐观、进取和奋发向上的心态。

这种积极的心理暗示，不但能帮助你渡过难关，还能帮你在学习中取得优异的成绩。

不让座的理由

在一个以文明礼貌而著称的城市，有一个残疾人上了公交车后，却没有人让座。车上的每个人都是非常有礼貌的，并且他们也都非常反感不给"老弱病残孕"乘客让座的行为，可是，他们为什么不给这位残疾人让座呢？小朋友，想想看是怎么回事？

 **学会创造幽默**

小朋友，幽默不但是个人修养水平的一个标志，还是一种创意哦。

幽默的话隐藏着创新意识，常常引人发笑。如果你想出口成章，充满幽默，就要摆脱理性思考和固有结论的束缚哦。

幽默是绝大多数人都喜欢的一种交流方式，它能缓解紧张的气氛和情绪，协调人际关系。

从创新思维的角度来说，各种类型的幽默都是言谈举止所表现出来的一种创意，因为，幽默能引起谈话双方都发笑。

而引起发笑就需要一种出乎意料的新东西，那些只有传统思维、呆板的人就不可能制造出幽默的情趣。

有一次，耗子妈妈带着两只小耗子出去散步，忽然看见远处来了一只猫，小耗子立即惊慌失措起来。可是耗子妈妈镇定自若，说道："别害怕，看我的！"

说着，耗子妈妈朝着猫的方向大声叫道："汪汪汪汪……"

第115页答案：因为车上人并不多，还有空余座位。

第五章 不要被创新思维束缚

那只猫听到狗叫，吓得转身就跑。

耗子妈妈得意地对小耗子们说："怎么样，掌握一门外语很重要吧！"

耗子妈妈把"汪汪汪汪"的叫声说成外语是不是很幽默呢？

上面就是一个简单的幽默小故事。

小朋友在日常交往的时候，言语之间最好能带些小幽默，这对你与其他人友好地交往能起很重要的作用，如果你遭遇了尴尬的情景，幽默可以帮你很快地做出调整，让你保持优雅的风度，从而不会在同学面前丢丑。

小朋友，你上学的时候是不是愁容满面呢？如果学会幽默，你就会笑容满面哦。

拼火柴

用3根火柴拼出两种"11"的写法。

9 扔掉书本，大胆去思考

你会将父母给你买回家的书都很认真地阅读一遍吗？

如果是，那么你一定就是"百科博士"了。

但是，在创新思维里，你的课本知识只是一个参考和点缀而已，你需要做的，就是扔掉书本，大胆地去思考。

因为书本知识毕竟只是对前人思想和经验的总结，我们需要了解这些书上的内容，但更重要的是我们要能受到启发，创造出属于自己的东西。

"纸上谈兵"说的就是这个道理。

如果你像那个书呆子赵括一样照搬兵书上的用兵之法，那么，失败是必然的。

在思考某个问题的时候，首先要学会跨出专业知识的小

第117页答案：

第五章 不要被创新思维束缚

圈子。

如此看来,"读书破万卷",不见得"做事如有神",弄不好,读书越多创新能力反而越差。

陶渊明说:"读书不求甚解。"意思也就是说,读书不能死抠其中的字句,而应该通过书中字句,理解书中字句所描绘出来的更高深的道理。

因此,小朋友们应该克服"书本定势",知识需要用上了才是力量,"尽信书不如无书"哦。

简单的迷宫游戏

非常简单的迷宫,你能从A走到B吗?能有多少种路线?

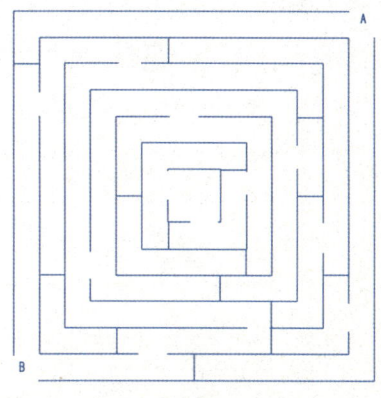

CQ 创意

10 顿悟梦境是激发思维潜能的方法

梦对于每个人来说都是一种经验，想必小朋友也有过很多梦吧。

你曾把它写下来吗？

你有多少有趣的梦和朋友们分享呢？

下面给你们说一个梦吧：

保险式剃须刀刚发明出来的时候，价格太高，因此曾经长期销路不好。吉利开了一个店，店里出售这种剃须刀，由于打不开销路，吉利很头疼。

有一天晚上，吉利做了一个梦，他梦见刀片和刀架分开了。一觉醒来，他顾不上别的，就把这个梦记录下来。回想梦境，他突然产生了一个感悟。这项小发明是由两个部件组合而成：一个是刀架，一个是刀片。使用刀架必须也使用刀片，但刀架寿命长，买一个几乎可以使用一辈子；刀片就不一样了，买一个刀架的人一生不知要买多少刀片。如果把刀架大幅度削价，用低于成本的价格卖出去，而从刀片上挣钱，剃须刀不就好推销了吗？接着，他又进一步大胆设想，如果把刀架作为赠品，无偿奉送，那样买刀片的人不就更多了吗？

第119页答案：

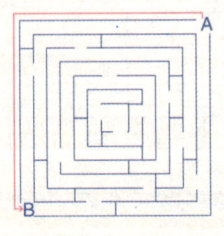 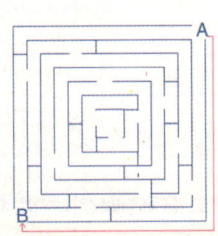

深思熟虑之后，吉利果断地决定只卖刀片，凡是初买刀片的人都可以得到一只赠送的刀架。这样经营了一段时日以后，刀片销量骤增，保险式剃须刀的优越性很快为人们所了解，这又引起了刀片销量的继续增长。这时候，吉利把刀片的价格稍稍提了一些，不但很快把刀架的损失捞了回来，而且随着刀片市场的拓展和销量的增加，丰厚的利润源源不断地涌进来了。

小朋友，你是不是有在梦中解决难题的经历呢？好好利用你的梦，不断开发出你的思维潜能吧，说不定能带给你很多惊喜哦。

丑小鸭变天鹅

右图中是用12根火柴摆成的一只丑小鸭，你能加上4根，再移动图中的3根，让它变成一只在水上悠闲游动的白天鹅吗？

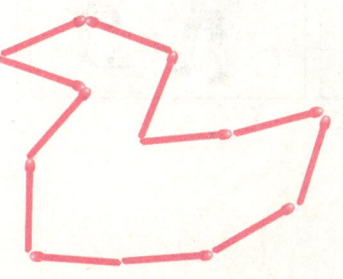

99 以好奇心发现问题

小朋友，当你发现新奇事物的时候，一定很好奇吧？拥有好奇心是件好事哦。

居里夫人说："好奇心是学者的第一美德。"

爱因斯坦说："谁要是不再有好奇心也不再有惊讶的感觉，谁就无异于行尸走肉，其眼睛是模糊不清的。"

好奇心是一个人有所发现、有所成就的前提。

瓦特发明蒸汽机、牛顿发现万有引力都是因为对日常现象的好奇。

维特根斯坦是大哲学家穆尔的学生。

第121页答案：

第五章 不要被创新思维束缚

有一天,罗素问穆尔:"谁是你最好的学生?"

穆尔毫不犹豫地说:"维特根斯坦。"

罗素说:"为什么?"

穆尔说:"因为,在我所有的学生中,只有他一个人在听我的课时,总是露着迷茫的神色,总是有一大堆问题。"

罗素也是个大哲学家,后来维特根斯坦的名气超过了他。

有人问:"罗素为什么落伍了?"

维特根斯坦说:"因为他没有问题了。"

因此,小朋友们,好奇心是激发创新的动力,但是有了好奇心,还需要保持兴趣和注意力的集中。

如果你今天学琴,明天学画,最终很可能一事无成哦。

缺少什么数字

请填写缺少的数字。

2	5	7
4	7	5
3	6	?

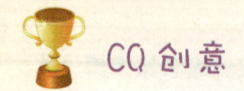

 跟着大家走，小心错

小朋友，你在过马路的时候，看见红灯亮着，尽管你清楚地知道闯红灯是违反交通规则的，而且是很危险的，可是你发现周围的人都不停下来而是直着往前闯，于是你犹豫了一下，也跟着前面的人走过去了。

这就是从众。

从众，就是跟从大众，追随大多数人，随大流。

也就是别人怎样做，我也怎样做；别人怎样想，我也怎样想；这是一个很不好的习惯哦。

米兰大主教安布罗斯有一句流传至今的名言："在罗马的时候，就随罗马人的做法。"说的就是这个道理。

下面我给大家举一个例子吧：

法国自然科学家法伯曾经做过一次有趣的"毛虫实验"。

法伯把一群毛虫放在一个盘子的边缘，让它们一个紧跟着一个，头尾相连，沿着盘子排成一圈。

于是，毛虫们开始沿着盘子爬行，每一只都紧跟着自己前边的那一只，既害怕掉队，也不敢独自走新路。它们连续爬了7天7夜，终于因饥饿而死去。而在那个盘子中央，就摆着毛虫

第122页答案：6。因为最后一个数是上边两个数的平均数。

们喜欢吃的食物。

因此,"跟着大家走,错了!"

小朋友们,说和听这句话的时候要想想是不是错了呢?记住:"跟着大家走,小心错。"

快算数字

高斯小时候很喜欢数学。有一次在课堂上,老师出了一道题:"1+2+3+4+……一直加到100,和是多少?"正当同学低着头紧张地计算的时候,高斯却脱口而出:"5 050。"你知道他是怎样快速算出来的吗?

 CQ 创意

参考文献

[1] 陈书凯.200个聪明人的创意思维游戏[M].北京：中国纺织出版社，2006.

[2] 陈书凯.150个激发创意的游戏[M].哈尔滨：哈尔滨出版社，2006.

[3] 吴海燕.培养孩子创造力的关键[M].北京：中国纺织出版社，2006.

[4] 汤姆·伍杰克.101个激发创造力和想象力的游戏[M].海南：南海出版社，2006.

[5] 梁良良.创新思维训练[M].北京：新世界出版社，2006.